U0258352

安徽
地质遗迹

安徽省古生物学会
安徽省地质博物馆 **组编**

黄建东　朱家虎
夏茂林　胡远超　**编著**
茅　磊

中国科学技术大学出版社

内容简介

　　本书全面系统地介绍了安徽省重要地质遗迹调查成果，深入地阐述了全省地质遗迹资源的地质背景、类型、分布、特征、保护与开发利用现状及地质遗迹景观与人文历史的关系，对安徽地质遗迹资源进行了综合评价，并结合安徽实际提出了全省重要地质遗迹保护与开发建议。本书运用大量第一手实地调查资料和丰富的图片，着重从地质剖面、古生物化石遗迹、古人类遗址、重要岩矿石产地，花岗岩地貌、岩溶地貌、碎屑岩地貌，构造地貌、火山地貌、水体景观以及地质灾害、地震遗迹等方面，解读安徽地质遗迹成因，展示地质遗迹景观，宣传地质遗迹保护，展现自然生态之美。

图书在版编目（CIP）数据

安徽地质遗迹 / 安徽省古生物学会，安徽省地质博物馆组编；黄建东等编著 . —合肥：中国科学技术大学出版社，2023.5

ISBN 978-7-312-02805-2

Ⅰ. 安…　Ⅱ. ①安…②安…③黄…　Ⅲ. 区域地质—研究—安徽　Ⅳ. P562.54

中国版本图书馆 CIP 数据核字 (2022) 第 074351 号

安徽地质遗迹
ANHUI DIZHI YIJI

出版　中国科学技术大学出版社
　　　安徽省合肥市金寨路 96 号，230026
　　　http://press.ustc.edu.cn
　　　https://zgkxjsdxcbs.tmall.com

印刷　合肥华苑印刷包装有限公司

发行　中国科学技术大学出版社

开本　880 mm×1230 mm　1/16

印张　18

字数　382 千

版次　2023 年 5 月第 1 版

印次　2023 年 5 月第 1 次印刷

定价　198.00 元

编　委　会

主　任
俞凤翔

副主任
李传殿　胡雪松

委　员
夏茂林　傅　勤　倪明芳　王　飞　楼金伟
胡远超　刘群林　朱宗银　黄建东　刘　佳

编著者
黄建东　朱家虎　夏茂林　胡远超　茅　磊

参与者
刘晓宇　晏英凯　何学智　刘　莉　李　夏
林　威　杨　龙　马兆亮　姚　野　胡　彬
齐　飞

顾　问
吴维平　毕治国　姜立富

序

保护好地质自然遗产
珍惜大自然的丰厚馈赠

地质遗迹是指在地球演化的漫长地质历史时期，由于各种内外动力的地质作用，形成、发展并遗留下来的珍贵的、不可再生的地质自然遗产，也是人类认识地质现象、推测地质环境和演变条件、服务经济社会发展的重要依据和重要资源。

根据原地质矿产部《地质遗迹保护管理规定》和相关调查规范，依据学科和成因、管理和保护、科学价值和美学价值等因素，地质遗迹可划分为基础地质、地貌景观和地质灾害3大类，并可再细分为地层剖面、岩石剖面、构造剖面、重要化石产地、重要岩矿石产地、岩土体地貌、水体地貌、火山地貌、冰川地貌、海岸地貌、构造地貌、地震遗迹、地质灾害遗迹13类。

安徽是地质遗迹资源十分丰富的省份。安徽位于中国东部，国土面积有14.01万平方千米。从地质构造上看，安徽地处华北陆块、扬子陆块以及这两者之间的秦岭大别造山带的交接地带，南北地理特征兼具，平原、丘陵、山地及地层发育齐全，地质构造复杂，岩浆活动强烈，变质作用繁多。这种独特的地质背景使安徽拥有了丰富多彩的地质遗迹资源，且种类丰富、保存完整，其科研价值与审美价值极高。其中，有震撼世界的大别碰撞造山带、世界闻名的"金钉子"候选剖面、古生物演化源头的化石产地、支撑国民经济和社会发展的矿产资源，以及极具旅游开发潜力的地貌景观，等等。迄今为止，安徽已经发现各类（3大类11类33亚类）重要地质遗迹237处，其中世界级18处，国家级98处，省级121处。不少地质遗迹在全球范围内具有独特性和唯一性，更多地质遗迹则是不可多得的旅游景观资源，如举世闻名的黄山、逶迤绵亘的大别山、奔腾不息的八百里皖江、澎湃向东的九曲淮河等等，这些都是大自然给予我们安徽的丰厚馈赠。

安徽也是古生物化石资源十分丰富的省份。自元古代至新生代，几乎各个时期都发育了丰富的古生物化石群。如新元古代的"淮南生物群""休宁蓝田生物群"、早寒武世的"西递海绵动物群"、晚泥盆世的"广德新杭化石森林"、奥陶纪的"宁国胡乐笔石动物群"、早三叠世的"巢湖动物群"、中生代的"黄山恐龙化石群"、古近纪的"潜山哺乳动物群"、第四纪的"繁昌人字洞古人类活动遗址""和县直立人遗址""东至华龙洞古人类遗址""巢湖银山智人遗址""淮河古菱齿象"等，均具有极高的科学研究价值，在国内外享有很高知名度。其中，蓝田生物群涉及多细胞生物及后生动物起源与早期演化的研究，巢湖动物群涉及中生代海生爬行动物起源与早期演化的研究，潜山哺乳动物群涉及啮齿类起源与早期演化的研究，安徽古人类涉及直立人和智人在中国的演化和迁徙的研究，这使安徽在中国乃至世界都是古生物研究的热点地区之一。

长期以来，安徽省各级有关方面高度重视地质遗迹和古生物化石资源的调查、研究、保护和利用等工作，并取得了丰富的成果，为地学、古生物学、古人类学等研究以及安徽省的经济社会发展奠定了重要基础，提供了重要支撑。一是先后开展了不同规模、不同精度、不同范围和不同重点的地质遗迹资源勘查和调查工作，摸清了全省地质遗迹资源的分布、类型等基本情况。二是采取独立进行、项目引进或合作研究等方式，对域内重要地质遗迹，特别是已发现的重要古生物化石资源，进行了持续研究，取得了一批重要研究成果。三是在深入调研的基础上，研究制定了地质遗迹保护规划，结合世界地球日、国际博物馆日等主题日活动及科技活动周活动，广泛开展科普宣传，为地质遗迹保护、研究和科学利用等提供了遵循，营造了氛围。四是以地质公园建设为抓手，积极探索地质遗迹保护、研究、科普宣传和科学利用等一体化建设方案，先后建成世界级地质公园 3 处、国家级地质公园 11 处、国家级矿山公园 3 处、省级地质公园 2 处（数据截至 2022 年底），不仅为地质遗迹保护、研究、科普宣传和科学利用搭建了平台，也有效促进了当地经济特别是旅游经济的发展，助力了脱贫攻坚和农民增收致富。五是认真贯彻习近平生态文明思想和"山水林田湖草沙一体化保护和修复"的重要论述，把地质遗迹资源纳入自然保护地体系，积极推进包括自然保护区、地质公园、矿山公园、森林公园和湿地公园等在内的自然公园以及国家重点保护古生物化石产地建设，使这些珍贵的地质遗迹资源得到有效保护和科学利用。

安徽省古生物学会是由全省古生物、地质环境和古生态科研与保护工作者及其爱好者组成的、具有社会团体法人资格的学术性群众团体。围绕中心，服务大局，团结引领广大会员认真贯彻党和国家各项方针政策，积极开展古生物及地质遗迹的勘查调查、科学研究、学术交流、科普宣传和保护利用等工作，是学会的重要职责和应履行的使命。安徽省古生物化石和地质遗迹保护专项"安徽省地质遗迹信息集成与展示"项目就是学会联合安徽省地质博物馆承担并完成的全省地质遗迹调查、研究课题。学会会同安徽省地质博物馆组织编写的《安徽地质遗迹》一书，是在该项目研究成果基础上精编而成的。在编写过程中，我们坚持以习近平生态文明思想为指导，全方位介绍了安徽重要的地质遗迹资源，解读了地质遗迹成因，展示了地质遗迹景观，阐述了地质遗迹保护和科学利用现状，展现了安徽自然生态之美。该书内容丰富，资料翔实，语言朴实，图文并茂；既是社会大众不可多得的科普读物，也是自然资源管理、生态文明建设、旅游经济发展等相关部门和管理者制定规划、出台政策、实施管理、强化监督的重要参考书籍；对于直接从事国家自然保护区、地质公园、矿山公园、森林公园、湿地公园等自然公园的建设者和管理者，以及中小学生开展地学研学，无异于是良师益友；对于相关科研院所专业人士和大专院校师生来说，也是一本不可多得的参考读本。

本人有幸参与该项目的组织实施和该书的组织编写，并实地参与了部分野外地质调查和图片拍摄。我为我们安徽有如此秀美的山川和如此丰富的地质自然遗产而感到骄傲！同时，作为自然资源管理部门的一名老兵，也深感管理保护和科学利用好大自然馈赠给我们的这些宝贵自然遗产，责任重大，使命光荣。我相信，《安徽地质遗迹》这本书的出版发行，对于更好地宣传和推介安徽丰富的地质遗迹资源，更加科学合理地保护和利用好这些宝贵的自然遗产，更加自觉和坚定地贯彻落实习近平生态文明思想，必将产生积极的影响。

安徽省信用担保集团有限公司是我省一家大型政策性融资担保机构和全省融资担保机构的龙头企业。该企业在奋力助推安徽经济社会发展的同时，还十分热心社会公益事业。他们对本学会工作给予了积极的关注，并对该书的出版给予了无私的支持，在此，我谨代表学会全体同仁表示衷心感谢！

安徽省古生物学会理事长　俞凤翔

2023 年 3 月于合肥

前　言

安徽位于中国东部、南北气候过渡地带，跨淮河、长江、新安江三大水系。大地构造上处于我国华北陆块、秦岭－大别造山带和扬子陆块3个一级构造单元接触位置；地形地貌丰富多样，分为淮北平原、江淮丘陵、皖西大别山区、沿江平原、皖南山区。在这些独特的地质地理条件下，形成了安徽壮丽秀美的地质遗迹资源，如雄奇壮美的黄山风光、流经安徽八百里的中华母亲河长江、革命老区巍巍大别山、科研价值极高的大别碰撞造山带、郯庐断裂带、古生物化石产地、地层剖面等。

安徽作为地质遗迹资源大省，地质遗迹类型多样，数量丰富，分布广泛，尤其在皖南、皖西较为集中，其科研科普价值、观赏价值极高，富含深厚的人文价值。为了保护和利用这些丰富的地质遗迹资源，安徽建立了大量的地质公园、自然保护区、湿地公园、森林公园、重点古生物化石保护产地等，早已成为全国乃至世界科研圣地和旅游名片，为安徽社会经济发展提供了重要支撑。

安徽省古生物学会和安徽省地质博物馆通过开展安徽省古生物化石和地质遗迹保护专项"安徽省地质遗迹信息

集成与展示"项目，对全省重要地质遗迹资源进行了全面调查和资料收集，基本查明了安徽重要地质遗迹资源分布及保护现状，并拍摄制作了安徽地质遗迹科教片，建立了全省地质遗迹数据库。本书以《地质遗迹调查规范》（DZ/T 0303-2017）分类标准为基础，结合安徽地质遗迹特点对全省重要地质遗迹进行分类描述，选取科研美学价值高、国内外影响力较大的地质遗迹为代表进行重点介绍。第1~2章介绍安徽地质遗迹形成的背景和主要特征；第3~13章对全省重要地质遗迹资源进行分类阐释，突出安徽地质遗迹的典型代表，展现安徽地质遗迹特色和重要科研意义、旅游美学价值，包括典型的地质剖面，重要的古生物化石产地、古人类遗址、岩矿石产地，优美的花岗岩地貌、岩溶地貌、碎屑岩地貌，独特的构造地貌、火山地貌，丰富的水体资源景观，以及代表性地质灾害等。第14章介绍地质地貌景观与人文历史；第15章对安徽重要地质遗迹进行评价，并统计了全省重要地质遗迹名录；第16章介绍安徽地质遗迹现状，并提出保护建议。

本书编写分工如下：前言、第2~4、15章由黄建东执笔，第1、14、16章由夏茂林执笔，第5~7、10章由朱家虎执笔，第8、11、13章由茅磊执笔，第9、12章由胡远超执笔；全省地质遗迹分布图由黄建东、晏英凯编制。全书由黄建东、吴维平审阅定稿。参加编写工作的还有刘晓宇、晏英凯、何学智、刘莉、李夏、林威、杨龙、马兆亮、姚野、胡彬、齐飞。

在本书编写及成书过程中，得到了安徽省自然资源厅和安徽省林业局的大力支持。在资料收集和野外调查期间得到地质遗迹所在地市县自然资源和规划局、安徽省地质矿产勘查局相关地勘单位、各地质公园管委会等的大力支持和密切配合以及相关个人对本书照片的支持，特此感谢！感谢安徽省信用担保集团有限公司对本书出版提供的赞助支持！特别感谢吴维平教授级高工、毕治国教授级高工、姜立富教授级高工等专家为本书的顺利完成提供的帮助！本书还得到了安徽省自然科学基金（2008085MD110）、安徽省公益性地质项目（2021-g-1-4，2021-g-2-16）、安徽省自然资源科技项目（2021-k-13）的支持。

目　录

新安江
（齐欣 摄）

第 1 章

自然地理与地质概况

1.1 自然地理

1.1.1 地理位置

安徽简称"皖"，位于中国东部，东临江苏、浙江，西接河南、湖北，南连江西，北靠山东。安徽经纬度范围为北纬29°41′～34°38′，东经114°54′～119°37′。国土总面积约14.01万平方千米，占我国陆地总面积的1.45%。常住人口为6113万。（国家统计局，2022）安徽省共有16个地级市、9个县级市、45个市辖区、50个县。安徽地处我国南北方地理分界线之上，气候的过渡特征十分明显，地貌类型多样，自然环境优美，动植物及矿产资源丰富多样。

1.1.2 气候

安徽位于我国东部季风区，大部分地区年均温度在14～17℃；由于东距海洋较近，大部分地区年均降水量在800～1700毫米；重要地理分界线——淮河，从北部流过。淮河以北属于温带季风气候，淮河以南属于亚热带季风气候。在我国大陆性季风气候影响下，全省气候整体上具有温和湿润、四季分明（春暖、夏热、秋凉、冬冷）、过渡性明显的特点。

1.1.3 地形地貌

安徽地貌类型复杂多样，山地、丘陵、平原兼备，有利于以农耕为主的农、林、牧、副、渔各业的全面发展。地貌类型以平原为主，约占全省总面积的44.7%，山地与丘陵分别占27.8%和27.5%。全省地势西高东低、南高北低，主要分为5个地貌区，包括淮北平原、江淮丘陵、沿江平原、皖西大别山区和皖南山区，主要山脉有大别山、黄山等，最高山峰为黄山莲花峰，海拔1864米。

1.1.4 河流、湖泊

安徽境内河流众多，河网密布，流域面积在100平方千米以上的河流有300余条，总长度约1.5万千米，自北向南依次属淮河、长江、新安江三大水系。淮河干流和长江干流自西向东横穿全省，新安江发源于安徽南部山区，为钱塘江正源。在安徽境内，淮河干流属中游河段，长江干流属下游河段，新安江属上游河段。

安徽省内大小湖泊有580多个，总面积3500平方千米，主要分布于长江、淮河沿岸，其中巢湖为省内最大湖泊，也是中国五大淡水湖之一。

1.1.5 动植物资源

安徽地处暖温带与亚热带过渡地区，气候温和，雨量适中，光照充足，水热条件较好，动植物资源丰富。全省现有林业用地面积44933平方千米，约占国土总面积的1/3；森林面积39585平方千米，森林覆盖率28.65%，居全国第18位；活立木蓄积量2.6145亿立方米，森林蓄积量2.2186亿立方米，居全国第19位。

安徽省地质博物馆 策划　安徽省第四测绘院 编制　审图号：皖S（2021）12号

◎ 图 1.1

◎
图
1.1
安
徽
卫
星
遥
感
图

（安徽省第四测绘院 编制）

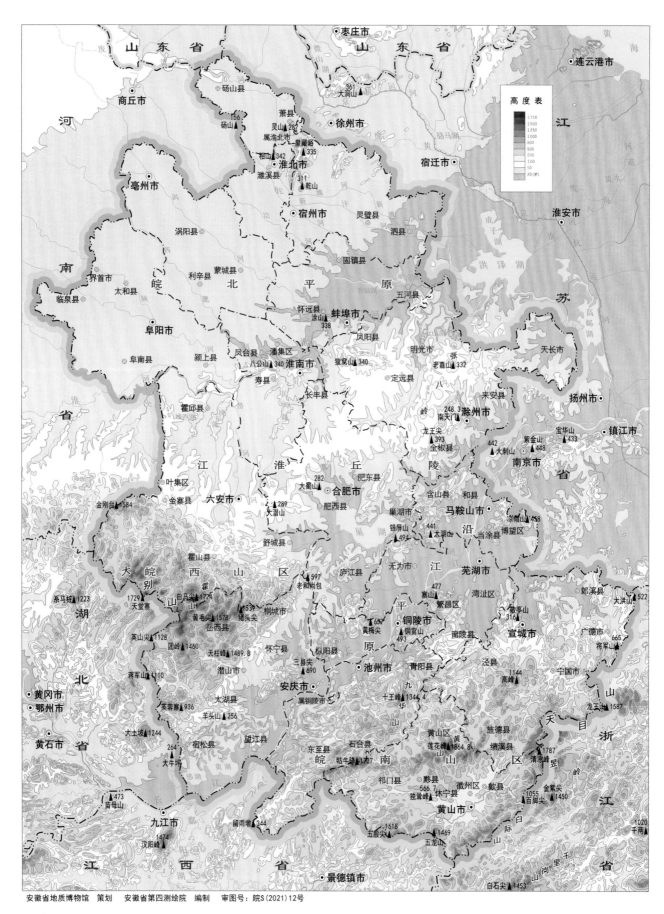

◎ 图 1.2

安徽省地质博物馆 策划 安徽省第四测绘院 编制 审图号：皖S（2021）12号

安徽森林植被水平分布规律明显，淮河以北属于暖温带落叶阔叶林地带，多杨、槐、桐、柏；淮河以南属北亚热带常绿阔叶林地带，多松、杉、栎、竹。全省有木本植物约1390种，其中经济价值较高的树木400余种，国家一级保护植物6种，二级保护植物26种。有脊椎动物44目125科730种，占全国种数的26.0%，其中国家一级保护野生动物21种，二级保护野生动物70种。

1.1.6 矿产资源

安徽是矿产资源大省，矿产种类较全，储量丰富，从能源矿产到黑色金属矿、有色金属矿、贵金属矿，从化工原料矿到建筑材料矿都十分发育。截至2021年底，全省已发现的矿种有128种，探明资源储量的矿种有110种（不含石油、铀、煤层气），尤其是煤、铁、铜、钼、钒、硫铁矿、明矾石、化肥用蛇纹石、水泥用石灰岩及其配料、瓷石、膨润土、铸石玄武岩等矿的储量位居全国前列。

1.2 地质概况

安徽地层发育齐全，地质构造复杂，岩浆活动强烈，变质作用繁多，在独特的地质背景下形成了丰富多样的地质遗迹资源。

1.2.1 地层

安徽地层区划总体上以六安断裂及郯庐断裂带（池太断裂）为界，可分为华北地层区、秦岭－大别地层区和扬子地层区，其中秦岭－大别地层区可分为北淮阳地层分区、大别山地层分区；扬子地层区可分为下扬子地层分区、江南地层分区、浙西地层分区。

除秦岭－大别地层区外，安徽自晚太古代以来的各时代地层在华北、扬子地层区都有不同程度发育，而且地层剖面完整、层序清楚、古生物化石丰富，在国内或大区域内都具有一定代表性。

安徽境内的沉积作用有3个阶段：华北地层区和扬子地层区分别在青白口纪和南华纪之前为活动型沉积，构成基底变质岩系；青白口纪（或南华纪）至三叠纪为稳定型和少量活动型（皖南）盖层沉积；侏罗纪以来，转为陆相盆地沉积。

◎ 图 1.2 安徽地形地貌图（安徽省第四测绘院 编制）

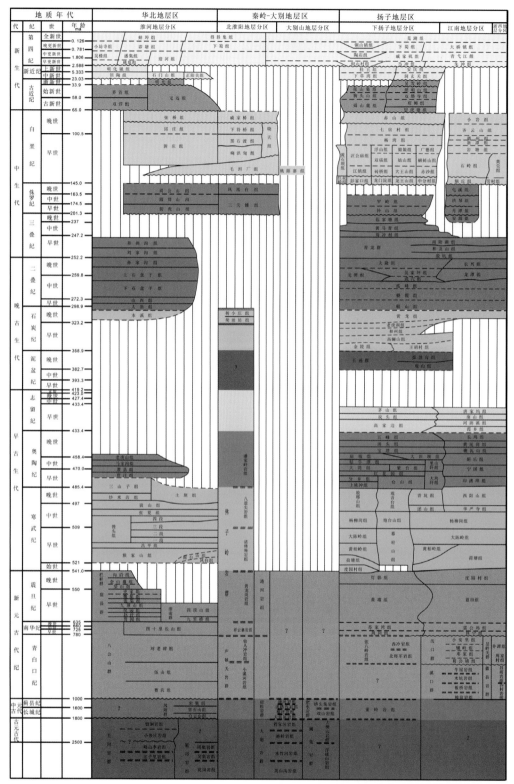

◎ 图 1.3

◎ 图 1.3

安徽岩石地层序列

（据安徽省地质矿产局，1997

修改）

◎ 图 1.4

安徽构造单元分布图

（据安徽省地质测绘技术院，

2017修改）

1.2.2 构造

安徽省处在华北陆块、秦岭－大别造山带和扬子陆块3个一级构造单元的接触地带，地质构造极其复杂。安徽省的地壳发展主要分为3个阶段：前南华纪主要为基底形成阶段；南华纪至三叠纪为大陆边缘构造演化阶段，印支期结束了安徽海相地层发育史，开创了大陆边缘活动带的新纪元；侏罗纪以来为陆内构造演化阶段，主要表现为大规模岩浆活动、

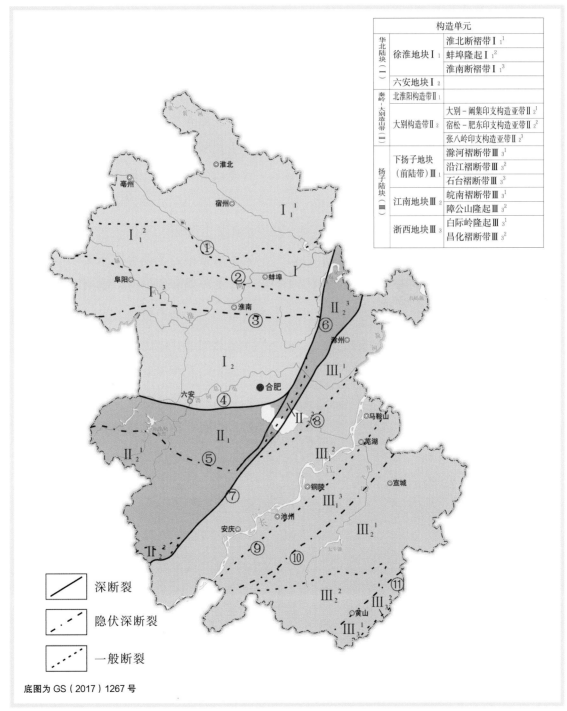

构造单元			
华北陆块（Ⅰ）	徐淮地块Ⅰ₁	淮北断褶带 Ⅰ₁¹	
		蚌埠隆起 Ⅰ₁²	
		淮南断褶带 Ⅰ₁³	
	六安地块Ⅰ₂		
秦岭－大别造山带（Ⅱ）	北淮阳构造带Ⅱ₁		
	大别构造带Ⅱ₂	大别－阚集印支构造亚带Ⅱ₂¹	
		宿松－肥东印支构造亚带Ⅱ₂²	
		张八岭印支构造亚带Ⅱ₂³	
扬子陆块（Ⅲ）	下扬子地块（前陆带）Ⅲ₁	滁河褶断带Ⅲ₁¹	
		沿江褶断带Ⅲ₁²	
		石台褶断带Ⅲ₁³	
	江南地块Ⅲ₂	皖南褶断带Ⅲ₂¹	
		障公山隆起Ⅲ₂²	
	浙西地块Ⅲ₃	白际岭隆起Ⅲ₃¹	
		昌化褶断带Ⅲ₃²	

深断裂

隐伏深断裂

一般断裂

底图为 GS（2017）1267 号

1.利辛断裂　2.刘府断裂　3.颍上－定远断裂　4.六安断裂　5.磨子潭－晓天断裂　6.郯庐断裂　7.黄破断裂　8.滁河断裂　9.高坦断裂　10.江南断裂带　11.伏川蛇绿岩套

◎ 图1.4

逆冲推覆、伸展拆离和断块升降运动。区域性大断裂非常发育，如郯庐断裂带、六安断裂带、磨子潭－晓天断裂带、江南断裂带等，对全省的构造格架、沉积相、岩浆作用、成矿作用以及地质遗迹形成都有明显的控制作用。

1.2.3　岩浆岩

安徽地质历史时期岩浆活动频繁，主要发生于蚌埠期、晋宁期、燕山期和喜山期，岩石类型齐全，岩浆岩出露面积达1.3万平方千米，侵入岩占一半以上。各期火山岩、侵入岩均有不同程度的发育，侵入岩稍晚于同期火山岩，不同成因、不同岩类均有发育。根据省内岩浆岩的空间分布状况，自北而南可划分为华北南缘岩浆岩带、北淮阳岩浆岩带、大别岩浆岩带、下扬子岩浆岩带、皖南岩浆岩带、浙西岩浆岩带。频繁的岩浆活动不但与成矿作用紧密相关，而且也是形成侵入岩、火山岩地貌的物质基础。

安徽侵入岩在全省各地多有分布，但在大别山区和皖南山区分布最为广泛。其中新元古代侵入岩主要发育在大别山区和蚌埠、肥东、宿松等地，中生代侵入岩主要发育在大别山区、皖南地区、长江两岸和淮北北部。

安徽花岗岩地貌多与中生代花岗质侵入岩有关，多分布在大别岩浆岩带和皖南岩浆岩带中。安徽省的黄山、九华山、天柱山、白马尖等主要花岗岩地貌物质基础于此时期形成。

安徽火山岩主要发育于前震旦纪、中生代和新生代时期，安徽火山岩地貌地质遗迹多与中生代和新生代火山岩有关。中生代的火山岩地貌主要分布于北淮阳岩浆岩带、下扬子岩浆岩带、浙西岩浆岩带中，主要分布于大别山北部、长江两岸和皖南地区。著名的火山岩盆地有宁芜盆地、繁昌盆地、庐枞盆地、怀宁盆地等，浮山、马仁山等典型的火山地貌均发育于此。新生代火山岩地貌主要出露于郯庐断裂带两侧的明光、来安、合肥等地，形成了大蜀山、女山等新生代火山地貌。

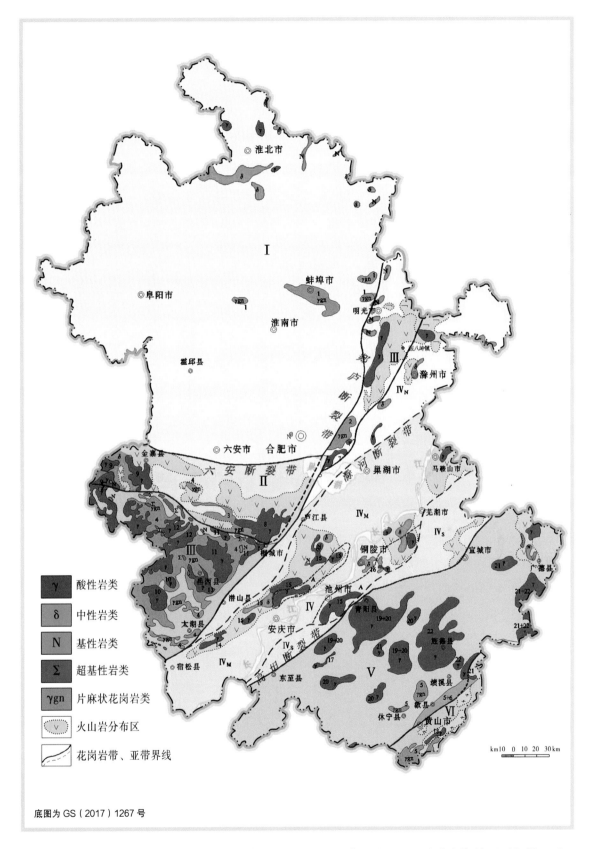

图例：

- γ 酸性岩类
- δ 中性岩类
- N 基性岩类
- Σ 超基性岩类
- γgn 片麻状花岗岩类
- 火山岩分布区
- 花岗岩带、亚带界线

底图为 GS（2017）1267 号

Ⅰ.华北南缘岩浆岩带　Ⅱ.北淮阳岩浆岩带　Ⅲ.大别岩浆岩带　Ⅳ.下扬子岩浆岩带（扬子型）Ⅳ N.滁州构造岩浆亚带（北亚带）　Ⅳ M.沿江构造岩浆亚带（中亚带）（包括 A 型花岗岩带）Ⅳ S.贵池构造岩浆亚带（南亚带）　Ⅴ.皖南岩浆岩带（江南型）　Ⅵ.浙西岩浆岩带

◎ 图 1.5

1.2.4 变质岩

安徽变质岩系发育，分属华北、秦岭–大别造山带、扬子三大变质区，进一步可划分为霍邱变质亚区、北淮阳变质亚区、大别变质亚区和下扬子变质亚区4个变质亚区和13个变质带。

1. 华北变质区

可细分为霍邱–五河变质带和凤阳变质带，变质岩系出露零星。霍邱–五河变质带由古元古代–新太古代霍邱岩群和五河岩群组成。凤阳变质带由中元古代凤阳群组成，先后经历了蚌埠期、凤阳期两期变质作用。

2. 秦岭–大别造山带变质区

变质岩系大面积出露，组成大别造山带主体，可划分成彼此呈断裂接触的2个变质亚区和7个变质带，自北而南由梅山群、佛子岭岩群、卢镇关岩群、大别岩群、宿松岩群、张八岭岩群等组成。大别山从浅变质岩至中深变质岩均有分布，以广泛分布含柯石英榴辉岩为特征，经过了三叠纪扬子陆块与华北陆块的俯冲、碰撞，是全球大陆碰撞造山带出露规模最大的超高压变质岩带。（郑永飞，2008）

3. 扬子变质区

可四分为历口变质带、溪口变质带、董岭变质带和苏家湾变质带，由历口群、溪口岩群、董岭岩群、周岗组、苏家湾组等组成。在先后经历晋宁早、晚两期变质作用之后，由活动转向稳定，形成扬子陆块变质古陆基底。但变质作用不甚强烈，其主体变质作用均为区域低温动力绿片岩相变质，董岭岩群为低角闪岩相变质。

安徽变质岩地貌主要分布在秦岭–大别造山带，如六安东石笋、仙人冲变质沉积岩地貌和宿松严恭山变质花岗岩地貌等。

◎ 图1.6 安徽变质单元分布图（据安徽省地质测绘技术院，2017修改）

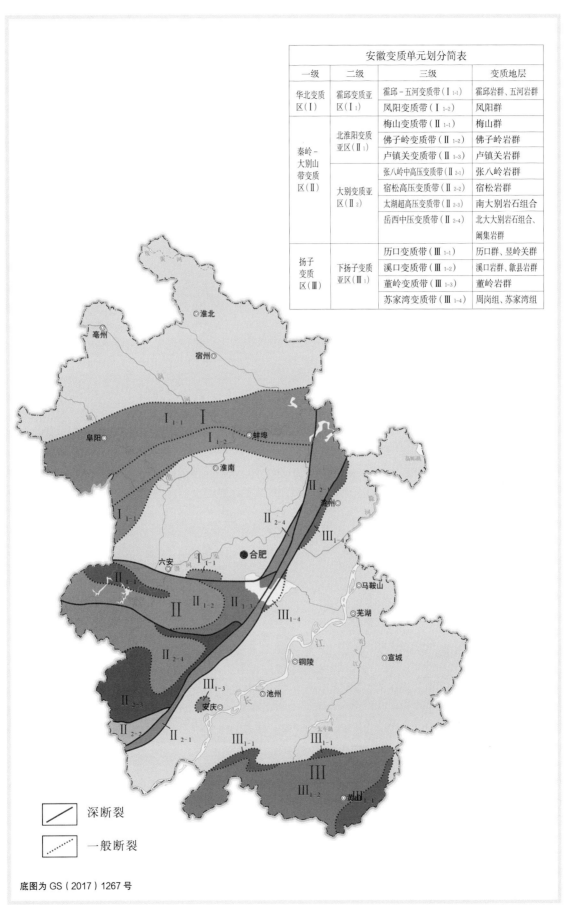

安徽变质单元划分简表

一级	二级	三级	变质地层
华北变质区（Ⅰ）	霍邱变质亚区（Ⅰ₁）	霍邱-五河变质带（Ⅰ₁₋₁）	霍邱岩群、五河岩群
		凤阳变质带（Ⅰ₁₋₂）	凤阳群
秦岭-大别山带变质区（Ⅱ）	北淮阳变质亚区（Ⅱ₁）	梅山变质带（Ⅱ₁₋₁）	梅山群
		佛子岭变质带（Ⅱ₁₋₂）	佛子岭岩群
		卢镇关变质带（Ⅱ₁₋₃）	卢镇关岩群
	大别变质亚区（Ⅱ₂）	张八岭中高压变质带（Ⅱ₂₋₁）	张八岭岩群
		宿松高压变质带（Ⅱ₂₋₂）	宿松岩群
		太湖超高压变质带（Ⅱ₂₋₃）	南大别岩石组合
		岳西中压变质带（Ⅱ₂₋₄）	北大别岩石组合、阚集岩群
扬子变质区（Ⅲ）	下扬子变质亚区（Ⅲ₁）	历口变质带（Ⅲ₁₋₁）	历口群、昱岭关群
		溪口变质带（Ⅲ₁₋₂）	溪口岩群、歙县岩群
		董岭变质带（Ⅲ₁₋₃）	董岭岩群
		苏家湾变质带（Ⅲ₁₋₄）	周岗组、苏家湾组

深断裂

一般断裂

底图为 GS（2017）1267 号

◎ 图 1.6

安徽省地质博物馆
与安徽黄山龙模型

第 2 章

地质遗迹概述

2.1 地质遗迹特征

安徽横跨华北陆块、秦岭－大别造山带、扬子陆块三大构造单元。这三大构造单元控制了区域地层的分布和产出，在大地构造特征上呈现出明显的南、北、中差异。这种特殊的大地构造位置，形成了复杂多样的安徽地质遗迹资源，并具有以下特征：

1. 资源丰富、类型多样

按照《地质遗迹调查规范》（DZ/T 0303—2017），安徽重要地质遗迹涉及3大类11类33亚类237处，其中世界级地质遗迹18处，国家级地质遗迹98处，省级地质遗迹121处。基础地质大类有94处，其中地层剖面地质遗迹18处，岩石剖面地质遗迹17处，构造剖面地质遗迹5处，重要化石产地20处，重要岩矿石产地34处。地貌景观大类有136处，其中花岗岩地貌16处，岩溶地貌（碳酸盐岩地貌）23处，碎屑岩地貌12处，变质岩地貌4处，水体地貌52处，火山地貌13处，构造地貌16处。地质灾害大类有7处，其中地震遗迹2处，崩塌2处，滑坡、泥石流、地面沉降各1处。安徽地质遗迹以花岗岩地貌、碳酸盐岩地貌、古生物化石产地和古人类遗址、地质剖面、构造剖面、典型矿床、构造地貌、火山地貌、水体地貌等

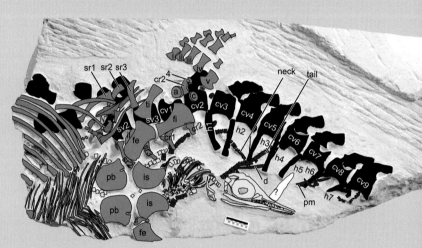

◎ 图2.1

为主。绝大多数的地质遗迹分布在各类自然公园、自然保护区、风景名胜区、重点保护古生物化石产地和矿山公园等。

2. 分布广泛，在皖南、皖西较为集中

安徽地质遗迹全省各地均有分布，其中皖南地区、皖西大别山区地质遗迹资源丰富，种类齐全。皖南地区主要有花岗岩地貌、岩溶地貌、碎屑岩地貌（丹霞地貌）、重要化石产地、地层剖面、火山地貌和水

体地貌等。皖西大别山区以构造剖面、花岗岩地貌、变质岩地貌、重要岩矿石产地为主。江淮丘陵地区主要有重要化石产地、岩溶地貌、典型矿床、地层剖面和火山地貌为主。淮北平原地区地质遗迹较少，有地层剖面、重要岩矿石产地、地面沉降等。

3. 科研价值、观赏价值极高

安徽拥有世界级地质遗迹已达18处、国家级地质遗迹98处，在全国乃至全世界均处前列。大别山区是全球规模最大、出露最好、岩石种类最多的超高压变质带，已成为世界瞩目的研究基地。郯庐断裂带命名于安徽的庐江，斜贯东亚，规模庞大。巢湖平顶山西剖面系全球下三叠统印度阶与奥伦尼克阶"金钉子"候选剖面。淮南生物群化石产地保存的生物化石反映了新元古代早期地球海洋中的生物面貌和较为原始的生态面貌；蓝田生物群化石产地保存的宏体动物化石是迄今已知的最古老的真核多细胞宏体生物，为探索真核多细胞宏体生命的早期演化及辐射打开了重要的窗口；巢湖动物群化石产地对研究早三叠世海生爬行动物类群起源与早期演化具有重要的意义；潜山哺乳动物群化石的发现，为研究啮齿类、兔形类动物等起源与演化辐射提供了重要的化石证据。

黄山、天柱山、九华山花岗岩地貌举

◎ 图2.2

世闻名，是世界级旅游胜地。黄山，与长江、长城、黄河同为中华壮丽山河和灿烂文化的杰出代表，被世人誉为"人间仙境""天下第一奇山"。天柱山古称"南岳"，又称皖公山，安徽的简称"皖"即由此而来。九华山乃中国佛教四大名山之一，是以佛教文化和花岗岩地貌为特色的山岳型国家级风景名胜区。太极洞、蓬莱仙洞、丫山岩溶地貌千姿百态，享誉海内外；齐云山丹霞地貌、恐龙化石和道教圣地天然地融为一体；升金湖湿地为世界级自然保护地，是珍稀越冬水鸟栖息地；浮山、马仁山火山地貌风光旎丽，独具特色。

◎ 图2.1
正在分娩的巢湖鱼龙

◎ 图2.2
皖公神像
（朱康宁 摄）

2.2 调查与研究简史

◎ 图 2.3

◎ 图 2.4

◎ 图 2.5

自 19 世纪 40 年代起，少数外国（美、英、德、日）地质学家对安徽沿江地区及皖南地区，进行了简单的路线地质调查以及个别的矿产调查，其工作深入程度虽不高，但为以后的全省地质工作提供了初步的背景资料。20 世纪初，我国地质学家（章鸿钊、刘季辰、赵汝钧、李四光、翁文灏、丁文江、许杰、叶良辅、李捷、朱森、李毓尧、徐克勤、陈裕琪、谢家荣、张文佑、黄汲清、柴登榜、孙殿卿等）相继在安徽省内开展了短期地质矿产调查和地层古生物研究，把安徽省内地质调查工作推向一个新的水平。

新中国成立之后，安徽地质工作得到了长足发展。20 世纪 50 — 80 年代，安徽省开展 1:20 万区域地质、矿产、水工环地质调查工作，在安徽地层、构造、岩石、古生物、矿产、水工环地质等方面取得了丰硕成果。1983 — 1989 年，安徽省区域地质调查队编撰了《安徽省区域地质志》《安徽省岩石地层单位》等专著。截至目前，安徽相关地质单位完成 1:25 万区调图幅 6 幅，1:20 万区调图幅 22 幅，1:5 万区调图幅 159 幅、矿调图幅 42 幅。上述工作为安徽地质遗迹资源调查工作提供了丰富的基础资料。

安徽面上地质遗迹调查始于 20 世纪 80 — 90 年代。1990 年，安徽省地矿局第二水文工程地质队完成了《安徽省地质地貌景观及地质遗迹考察报告》。1991 年，安徽省地矿局第一、第二水文工程地质队编制了《安徽省地貌图说明书（1:50 万）》。1999 年，安徽省地矿局第二水文工程地质队、安徽省地质调查院完成了《安徽省洞穴资源普查及开发利用研究报告》。2006 年，安徽省地质调查院完成了《安徽省地质遗迹调查评价与区划报告》。2017 年，安徽省地质调查院完成了《华东地区重要地质遗迹调查（安徽）》。2018 年，安徽省古生物学会联合安徽省地质博物馆提交了《安徽省地质遗迹信息集成与展示项目成果报告》，制作完成了地质遗迹科教片《天纵匠意秀安徽》，并建立了安徽主要地质遗迹数据库，全面、系统地总结了安徽地质遗迹资源情况。2018年，安徽省地质测绘技术院提交了《安徽省地质遗迹保护规划》。2020年，安徽省地矿局三三二地质队完成了黄山市地质旅游资源调查，这是安徽省第一次开展市级地质旅游资源调查工作。

新中国成立以来，安徽的古生物研究也取得了丰硕成果。20世纪60年代，郑文武在淮南地区发现新元古代古生物化石，1979年正式定名为"淮南生物群"。70年代，中国科学院古脊椎动物与古人类研究所在潜山发现古近纪哺乳动物群化石，在黄山发现中生代恐龙化石，在巢湖发现早三叠世鱼龙化石。80年代，中国科学院古脊椎动物与古人类研究所和安徽考古工作者组成的考古发掘队在和县发掘出一具完整的猿人头盖骨化石，并在繁昌发现哺乳动物化石和人类活动遗迹。21世纪以来，中国地质大学（武汉）、合肥工业大学研究团队持续对安徽省巢湖地区"金钉子"相关地层进行详细研究。2008年，安徽省地质博物馆（安徽省古生物化石科学研究所）对宁国胡乐地质遗迹集中区进行调查，完成了《宁国市胡乐奥陶纪地层剖面及古生物化石遗迹保护调查报告》，并实施了保护工程。2010年，安徽省地质博物馆对休宁蓝田植物群地质遗迹集中区进行了调查，完成了《蓝田植物群化石地质调查报告》，并进行了产地保护。2011年，中国科学院南京地质古生物研究所袁训来研究员在休宁蓝田发现距今6亿年左右地球上最古老的宏体真核生物化石群，将"蓝田植物群"改称为"蓝田生物群"。2013—2015年，安徽省地质博物馆对皖南恐龙化石群展开调查，厘清了恐龙的产出层位，同时发现多处恐龙骨骼、恐龙蛋化石遗迹点。2010年以来，安徽省地质博物馆与北京大学、美国加利福尼亚大学（戴维斯分校）等合作在巢湖马家山地区开展了科学发掘，对该地区的巢湖动物群进行详细研究，取得了一系列研究进展。

地质遗迹集中区的调查始于21世纪初，主要是围绕着地质公园的申报工作开展的。自2001年以来，在安徽省自然资源厅（原安徽省国土资源厅）组织下，先后开展了黄山、天柱山、九华山、大别山、太极洞、八公山、浮山等16处地质遗迹集中区的调查，申报成功16家地质公园。目前，全省建成有世界级地质公园3处、国家级地质公园12处、省级地质公园1处，在全国处于领先水平。

◎ 图2.3
李四光

◎ 图2.4
许杰

◎ 图2.5
谢家荣

17

巢湖平顶山西
剖面远景图
（张磊 摄）

地质剖面

安徽地跨华北陆块、秦岭－大别造山带和扬子陆块3个大地构造单元，具有华北型、秦岭－大别型和扬子型等不同沉积类型。自晚太古代以来的各时代地层都有发育，地质剖面完整、层序清楚、古生物化石丰富，是从事地层学、古生物学和沉积岩石学研究的重要地区之一。许多地层单位在国内外或大区域内均具有代表性，例如，巢湖平顶山西剖面作为全球下三叠统奥伦尼克阶与印度阶"金钉子"候选剖面，在国际年代地层研究方面具有重要意义；孤峰阶、殷坑阶、巢湖阶是中国年代地层单位；宁国组、胡乐组、殷坑组、和龙山组、南陵湖组等岩石地层单位，被作为全国地层单位的划分和对比标准。

　　经过广大地质工作者几十年的辛勤工作，安徽境内先后建立了不同地质时期的207个岩石地层单位，其中群级18个、组级181个、段级8个，从而建立了安徽省岩石地层序列。（安徽省地质矿产局，1997）按照区域特点、岩性组合特征，安徽地质剖面遗迹分为地层剖面、火山岩剖面、侵入岩剖面和构造剖面。本章选取部分重要地质剖面进行介绍。

◎ 图 3.1
安徽重要地质剖面分布图

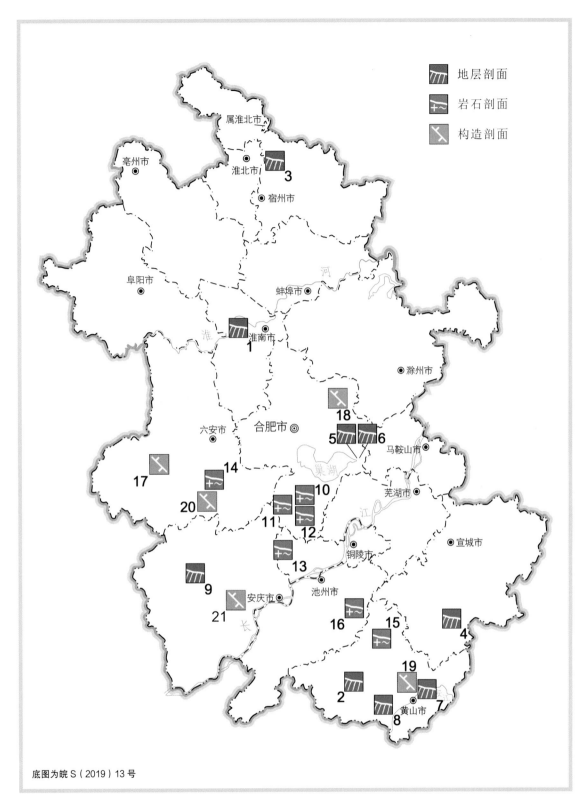

底图为皖 S (2019) 13 号

1.寿县店疙瘩剖面 2.休宁蓝田剖面 3.宿州夹沟剖面 4.宁国皇墓-滥泥坞剖面 5.巢湖西北郊古生界剖面 6.巢湖平顶山-马家山剖面 7.歙县鸡母山剖面 8.休宁齐云山剖面 9.潜山海形地-痘姆剖面 10.庐江龙门院组剖面 11.庐江砖桥组剖面 12.庐江双庙组剖面 13.枞阳浮山组剖面 14.六安毛坦厂组剖面 15.黄山复式岩体剖面 16.九华山复式岩体剖面 17.大别碰撞造山带 18.郯庐断裂带安徽段 19.歙县伏川蛇绿岩套 20.磨子潭-晓天断裂 21.洪镇变质核杂岩构造

◎ 图 3.1

3.1 地层剖面

3.1.1 寿县店疙瘩青白口系－震旦系剖面

剖面位于淮南市寿县店疙瘩－白鹗山一线，出露了一套新元古界青白口系－震旦系的沉积岩地层，剖面长度约2800米，地层厚度923.83米；自下而上包含青白口系伍山组，刘老碑组，南华系四十里长山组，震旦系九里桥组、四顶山组。该剖面化石丰富，富产疑源类、大型褐藻类、叠层石、微体化石等，是刘老碑组、九里桥组、四顶山组的建组剖面。（安徽省地质矿产局，1997）寿县店疙瘩剖面是研究我省华北地层区青白口系－震旦系沉积特征和岩相古地理的重要剖面。

◎ 图 3.2

3.1.2 休宁蓝田南华系－寒武系剖面

剖面位于黄山市休宁县蓝田镇，沿着 G205 国道屯黄公路段，出露了一套新元古界南华系－寒武系地层，剖面长度约 4800 米；自下而上包含南华系休宁组、雷公坞组（南沱组），震旦系蓝田组、皮园村组，寒武系荷塘组。该剖面为休宁组、蓝田组、皮园村组建组剖面，研究程度高，产出丰富的宏观藻类、后生动物、疑源类化石等研究程度高。这一完整的地质剖面时间跨度近 3 亿年，记录了下扬子地台的形成、新元古代"雪球事件"、埃迪卡拉纪（震旦纪）早期宏体生命演化等重要的地质和生命演化事件。（袁训来 等，2015）

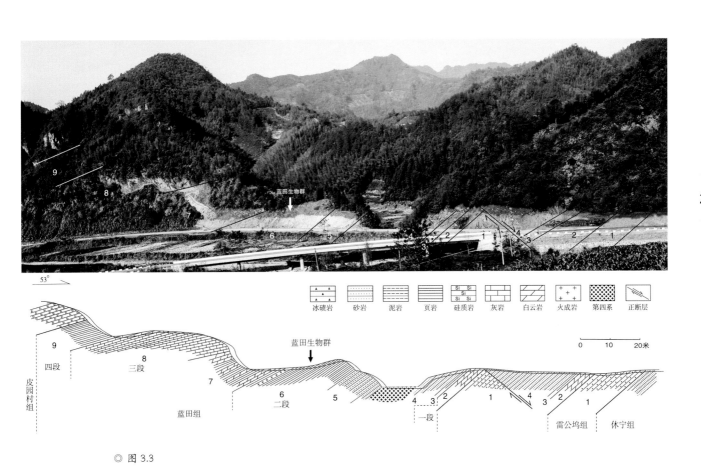

◎ 图 3.3

◎ 图 3.3
休宁蓝田组剖面图及其远景图
（据袁训来 等，2015 修改）

◎ 图 3.2
寿县店疙瘩剖面
（安徽省地质矿产局区域地质调查队，1985）
与刘老碑组页岩地层
（俞凤翔 摄）

3.1.3 宿州夹沟寒武系剖面

剖面位于宿州市夹沟镇磨山附近，为安徽省内北相寒武系次层型剖面，剖面长度约1300米；自下而上可分为寒武系猴家山组、馒头组、毛庄组（馒头组三段）、徐庄组（馒头组四段）、张夏组、崮山组、长山组（崮山组上段）、凤山组（炒米店组），可与我国北方寒武纪地层进行区域对比。该剖面不仅出露良好、沉积连续，而且呈稳定的单斜产出，各组顶底界线及分层标志清晰，含有大量无脊椎动物化石，三叶虫、头足类十分发育，对华北地层区寒武系的研究具有重要意义。

◎ 图 3.4

3.1.4 宁国皇墓－滥泥坞奥陶系剖面

剖面位于宁国市胡乐镇皇墓水库西南方向山后坳里，距 323 省道约 500 米，剖面长度约 1400 米，地层厚度约 577 米；出露地层有西阳山组、印渚埠组（谭家桥组）、宁国组、胡乐组、砚瓦山组、黄泥岗组（部分）。本剖面是江南地层分区下奥陶统至中上奥陶统经典剖面，化石丰富，是全国奥陶系宁国组、胡乐组命名地，也是中国奥陶系年代地层单位宁国阶和胡乐阶所在地，研究历史悠久，研究程度高。早在 20 世纪 30 年代，许杰教授就在宁国测制剖面、采集化石，发表了《长江下游之笔石化石》专著，创建了"宁国页岩"和"胡乐页岩"两个著名的岩石地层单位，并建立笔石序列。

◎ 图 3.5

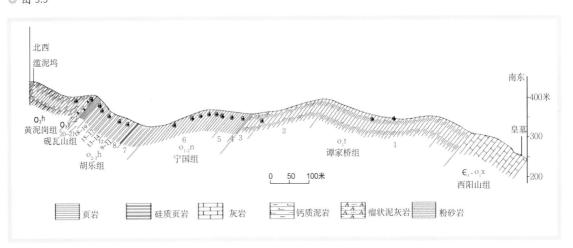

◎ 图 3.6

3.1.5 巢湖西北郊古生界志留系－二叠系剖面

　　巢湖市西北郊的麒麟山－凤凰山－平顶山－柴火山－曹家山一带，发育一套完整的古生界志留系－二叠系地层，包含志留系高家边组、坟头组，泥盆系五通组，石炭系金陵组、高骊山组、和州组、黄龙组，二叠系船山组、栖霞组、孤峰组、龙潭组、大隆组地层。该套剖面地层沉积序列完整连续，构造现象典型，接触关系清楚，古生物化石丰富，在下扬子区乃至整个扬子陆块都具有代表性。自20世纪50年代起，全国三十余所高校就将巢湖北部地区作为地质实习基地，2008年被国家自然基金委列为中国三大地质学实习基地之一。

◎ 图3.7

◎ 图3.8

◎ 图3.9

◎ 图3.10

3.1.6 巢湖平顶山－马家山下三叠统剖面

安徽巢湖地区的下三叠统发育，各类化石在该区域最为丰富、序列最为完整，在中国南方乃至全球早三叠世沉积记录中，是首屈一指的代表性地层序列。巢湖西北部的平顶山－马家山地区下三叠统研究程度最好，下三叠统下部地层剖面位于平顶山地区，上部地层剖面位于南部的马家山地区，其中平顶山西剖面、马家山剖面最具代表性。

3.1.6.1 巢湖平顶山西剖面

剖面位于巢湖市平顶山西侧；自下而上出露二叠系大隆组和三叠系殷坑组、和龙山组、南陵湖组。该剖面地层出露良好，岩层走向向北西倾斜，倾角较陡，地层厚度约 300 米。中国地质大学（武汉）童金南教授领导的研究组与加拿大、丹麦、俄罗斯、美国等三叠系地层工作者开展了广泛而富有成效的国际合作，对剖面做了大量的综合地层学研究，取得了丰硕的成果。剖面化石比较丰富，牙形石、菊石和双壳类在整个剖面都比较常见，建立了全球下三叠统迄今为止最为详细的牙形石地层序列。现被提议作为下三叠统印度阶－奥伦尼克阶界线的全球层型候选剖面，也是我国殷坑阶－巢湖阶界线的层型剖面。根据牙形石和菊石生物地层学研究，以牙形石 *Neospathodus waageni* 和菊石 *Flemingites* 首现为标志的印度阶与奥伦尼克阶界线位置位于平顶山西剖面 24 层近顶部。（童金南 等，2005）

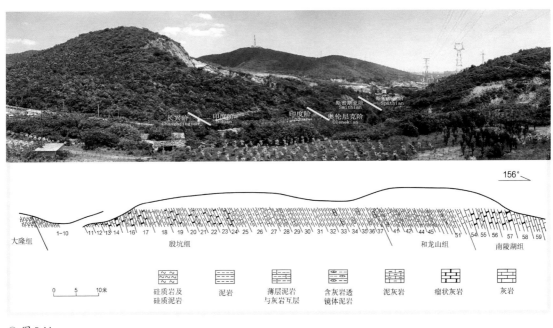

◎ 图 3.11

◎ 图 3.11

◎ 图 3.11
巢湖平顶山西剖面图
（童金南 等，2005）
及其远景图
（据张磊所摄修改）

◎ 图 3.10
巢湖西北郊古生界剖面二叠系大隆组与三叠系殷坑组界线

◎ 图 3.9
巢湖西北郊古生界剖面石炭系全陵组与高骊山组界线

◎ 图 3.8
巢湖西北郊古生界剖面石炭系黄龙组与和州组界线

◎ 图 3.7
巢湖西北郊古生界剖面志留系坟头组与泥盆系五通组界线

印度阶　　奥伦尼克阶

◎ 图 3.12

200 μm

1　　　　2　　　　3

◎ 图 3.13

3.1.6.2　巢湖马家山剖面

剖面位于巢湖市西北郊马家山北坡和南坡，是巢湖地区经典的下三叠统剖面。该剖面系安徽省区域地质调查队在 1978 年进行 1：20 万区域地质调查时所发现的并首次进行研究，中国地质大学（武汉）童金南于 2005 年做了修测，安徽省地质博物馆 2010 年进行了重测。目前该剖面自下而上出露殷坑组上部、和龙山组、南陵湖组和东马鞍山组下部，剖面总体分两部分：北坡剖面部分位于马家山北侧，紧挨 105 省道，包括殷坑组上部到南陵湖组上段底部地层；南坡剖面部分位于马家山南侧一废弃的老采石场，包括南陵湖组中段

◎ 图 3.16
马家山剖面图

◎ 图 3.15
马家山剖面南坡（部分）

◎ 图 3.14
马家山剖面北坡（部分）

◎ 图 3.13
Neospathodus waageni 的 3 个亚种
（童金南　供图）

◎ 图 3.12
平顶山西剖面中的下三叠统印度阶—奥伦尼克阶界线

到中三叠统东马鞍山组下部地层。地层厚度约220米，其中南陵湖组出露最为齐全，分为上、中、下3段。马家山剖面南陵湖组中、上段地层产出大量海生脊椎动物化石，其中以原始鱼龙类为主，伴生多门类海生脊椎动物。

巢湖是全国地层委员会于2001年新建中国年代地层单位——下三叠统"巢湖阶"的命名地，层型剖面由平顶山西剖面和马家山剖面组成，代表与"国际地层表"中奥伦尼克阶对应的中国海相地层单元，对建立中国区域地层对比标准具有不可替代性。

◎ 图 3.14

◎ 图 3.15

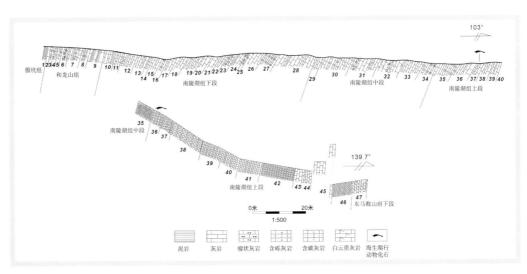

◎ 图 3.16

3.1.7 歙县鸡母山中侏罗统剖面

剖面位于黄山市歙县横关乡鸡母山，距黄山市区3千米。2002年7月在修建徽杭高速公路时，在此处发现了恐龙化石，然后进行剖面测量。剖面长度约2千米，厚度约197米，出露地层主要为中侏罗统洪琴组，其主要岩性为紫红色、灰色岩屑砂岩、石英砂岩、砂质泥岩，局部地区夹灰绿（或灰蓝）色中薄层英安质凝灰岩、凝灰质泥岩，化石层为暗紫色厚层块状含砾粗砂岩，上下未见顶和底。剖面出土的

◎ 图 3.17

恐龙化石已被命名的有安徽黄山龙（黄建东 等，2014）和地博安徽龙 (Ren et al., 2018)。鸡母山侏罗纪恐龙化石的发现，在长江中下游及华东六省地区属于首次，填补了该地区的历史空白，对于研究侏罗纪环境、气候及生态演化具有重要科学价值。

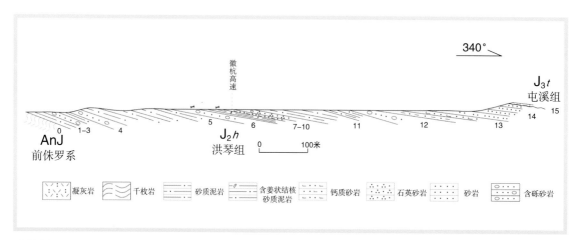

◎ 图 3.18

◎ 图 3.19

3.1.8 休宁齐云山上白垩统剖面

剖面位于黄山市休宁县齐云山镇齐云山国家地质公园核心景区内，出露一套包含恐龙足迹化石的晚白垩纪地层，剖面长度约1166米，地层厚度约375米；自下而上包含有徽州组、齐云山组、小岩组。小岩组由3个从砾岩到砂岩的较大旋回组成，每个旋回又由多个从砾岩、含砾砂岩到岩屑砂岩及钙质砂岩的韵律组合而成。齐云山小壶天及雨君洞的恐龙足迹化石赋

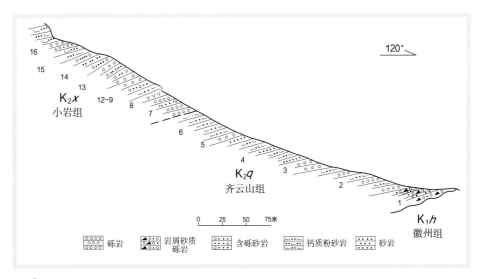

◎ 图 3.20

存于小岩组第一大旋回顶部的钙质砂岩层面上，目前已被命名的有小壶天齐云山足迹（余心起，1998）和张三丰副强壮足迹 (Xing et al., 2014)。

3.1.9　潜山海形地－痘姆古新统剖面

剖面位于安庆市潜山黄铺镇，为下古新统望虎墩组和中古新统痘姆组正层型剖面。望虎墩组为芜湖、安庆地区一套紫红、砖红、灰紫色细砂岩、砂砾岩、砾岩，平行不整合于赤山组之上，整合于痘姆组之下；痘姆组为整合于望虎墩组之上，平行不整合于双塔寺组之下的棕红、紫红色厚层砾岩夹中粗砂砾岩、泥岩。此剖面含有大量古新世哺乳动物化石。

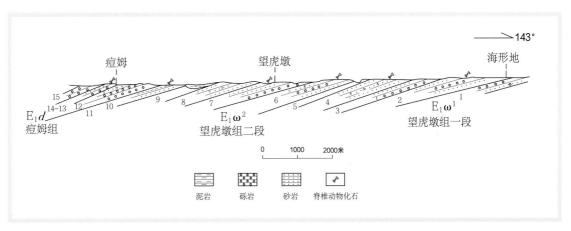

◎ 图 3.21

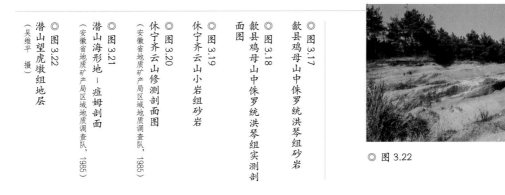

◎ 图 3.22

3.2 火山岩剖面

3.2.1 庐枞盆地火山岩剖面

安徽著名火山岩盆地有宁芜盆地、繁昌盆地、庐枞盆地、怀宁盆地等，火山岩剖面以庐枞盆地火山旋回尤为典型，盆地内火山岩分布广泛，分为龙门院组、砖桥组、双庙组和浮山组，构成4个喷溢堆积旋回，为一套粗玄岩–玄武粗安岩–粗面岩的富碱橄榄安粗岩系地层，时代为早白垩世。

龙门院组剖面位于庐江县龙桥镇龙门院村，火山岩以角闪粗安岩为明显的岩组标志，属火山喷发相伴有河湖相的沉积，含双壳类、腹足类、介形类及植物等化石。砖桥组剖面位于庐江县矾山镇砖桥村，火山岩以粗安质角砾岩、沉积凝灰岩、辉石粗安岩为主。双庙组剖面位于庐江县矾山镇双庙村，火山岩以粗面玄武质火山岩、粗安质火山岩、粗面质火山岩为主，发现有植物、双壳类、腹足类、介形类、叶肢介等化石，与热河生物群晚期群落相当。浮山组剖面位于枞阳县浮山镇浮山，火山岩以粗面质火山岩为主。

◎ 图 3.23

◎ 图 3.24

◎ 图 3.25

3.2.2 六安毛坦厂组火山岩剖面

剖面位于六安市毛坦厂镇大鸡鸣岭附近，剖面长度约3300米，为白垩世毛坦厂组正层型剖面。为一套灰、灰绿、紫灰色安山质、粗安质火山岩，底部不整合于大别山杂岩之上。毛坦厂组为氧化－半还原环境的火山喷发岩夹滨湖相沉积岩，含双壳类、介形类、叶肢介、腹足类及植物化石等，为我国热河生物群常见分子。

◎ 图 3.26

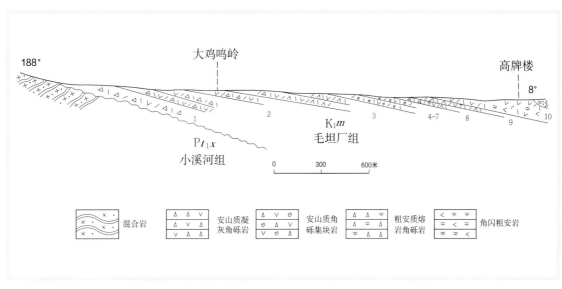

◎ 图 3.27

3.3　侵入岩剖面

　　安徽侵入岩剖面以中生代江南型中酸性侵入岩最为典型，包括黄山、九华山复式岩体以及榔桥、旌德、伏岭等大型复式侵入体，在成因上具有同源演化关系，岩石组合均为花岗闪长（斑）岩－二长花岗岩－正长（碱长）花岗岩组合，主要形成于早白垩世早、中两期。

3.3.1　黄山复式岩体剖面

　　黄山复式岩体由黄山岩体和太平岩体组成。黄山岩体主要岩石组合为正长花岗岩、斑状二长花岗岩，属钙碱性岩系，形成于距今1.2亿年的早白垩世中晚期；太平岩体主要岩石组合为花岗闪长斑岩、二长花岗岩，属钙碱性岩系，形成于距今1.4亿年的早白垩世早期。黄山岩体侵入到太平岩体，剖面上呈现"中高外底、中新外老"的套叠式分布特征，形成于中生代古太平洋板块向欧亚板块俯冲的环境，是中生代皖南花岗岩岩带的典型代表。

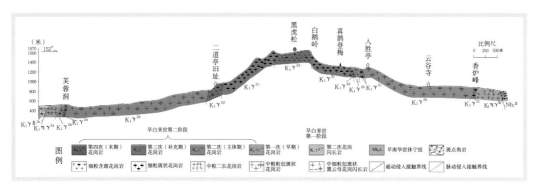

◎ 图 3.28

3.3.2　九华山复式岩体剖面

　　九华山复式岩体由青阳岩体和九华山岩体组成。青阳岩体岩石组合主要为花岗闪长（斑）岩、二长花岗岩组合，九华山岩体岩石组合主要为正长花岗岩、二长花岗岩组合，均属钙碱性系列。青阳－九华山复式岩体是早白垩世陆内板块碰撞两期岩浆活动的产物，于距今1.4亿年的早白垩世早期发生下地壳熔融，形成中酸性岩浆侵入，发育早期青阳岩体，于距今1.2亿年的早白垩世中晚期又发生上地壳重融的酸性岩浆沿九华山断裂侵入青阳岩体，形成九华山岩体，由此形成青阳－九华山复式岩基，是东亚地区陆内板块碰撞岩浆活动的代表。

◎ 图 3.29

3.4 构造剖面

3.4.1 大别碰撞造山带

　　大别碰撞造山带西延秦岭，东为郯庐断裂带所截，与郯庐断裂带东侧的苏鲁碰撞造山带相对应，处于中国中央造山带的中东段。安徽大别山从北向南分别为北淮阳低温低压绿片岩相带、北大别高温超高压榴辉岩相带、中大别中温超高压榴辉岩相带、南大别低温超高压榴辉岩相带、宿松低温高压蓝片岩相带，它们分别以磨子潭－晓天、五河－水吼、花凉亭－弥陀、太湖－山龙断裂带为界。这些构造单元含有不同的岩石类型，具有不同的变质等级和变质演化过程。

　　大别碰撞造山带是华南陆块与华北陆块之间的汇聚带，它经历了不同的构造演化阶段，在前寒武纪构造演化基础上，经历了主造山期（印支期）大陆板块俯冲碰撞造山和折返过程，从而奠定了其基本大地构造格局，而后又遭受中新生代伸展塌陷、揭顶作用及强烈的陆内造山作用，最终形成现今宏伟的碰撞后构造山脉。

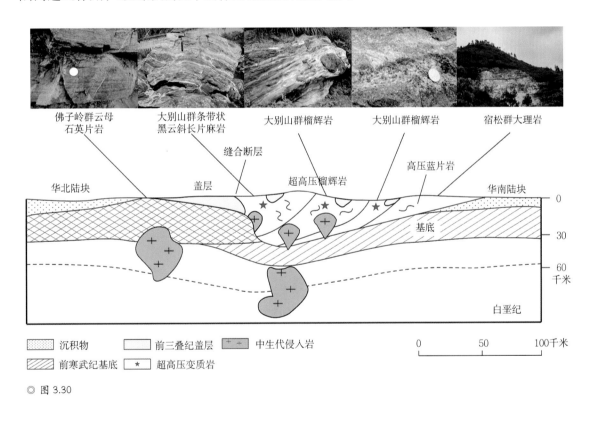

◎ 图 3.30

◎ 图 3.28
黄山复式岩体剖面
（据安徽省地质矿产勘查局332
地质队，2020修改）

◎ 图 3.29
九华山复式岩体剖面
（九华山地质公园管委会 供图）

◎ 图 3.30
大别碰撞造山带
（据郑永飞，2008修改）

目前全球共发现29处（超）高压变质带，其中国际公认苏鲁－大别造山带是全球出露规模最大（30000平方千米）、剥露最深、出露最好、超高压矿物和岩石组合最为丰富的超高压变质带。其中柯石英的发现是全球范围内的第3例，榴辉岩中金刚石的发现是全球范围内变质岩中的第2例、榴辉岩中的首例。

大别山超高压变质带记录了陆壳深俯冲、碰撞造山及折返的历史全过程，揭示了低密度的陆壳物质在具高流变强度时被俯冲（深埋）到80～120千米以下的地幔深度，然后又

◎ 图 3.31

快速折返到地壳。这一"下地狱、返回天堂"的壮观地质历史过程，成为了解板块俯冲与碰撞、造山带的缩短与加厚，以及俯冲深根的形成与折返机制等造山动力学研究的必不可少的对象。大别山超高压变质带已成为大陆动力学研究的天然实验室。

3.4.2 郯庐断裂带安徽段

郯庐断裂带是东亚大陆边缘上发育的一系列北东至北北东走向左行平移断层中规模最大、构造位置最特殊、演化最为复杂的一条巨型断裂带。它南起湖北武穴，经安徽庐江、江苏新沂、山东郯城，跨过渤海，自辽宁营口向北贯穿东北三省，在我国境内全长2400千米，并且继续延伸进入俄罗斯远东地区。

安徽境内的郯庐断裂带，自西向东主要由五河深断裂、石门山断裂、池（河）－太（湖）深断裂、嘉山－庐江深断裂组成，走向近北东，主体为省内大型左行平移断裂带，构成华北陆块、大别造山带、扬子陆块划分边界。在地质、地球物理场、卫星影象和地貌等方面都有十分明显的反映。宿松、太湖、潜山、桐城境内基本沿大别山东南麓呈北东－北北东方向延伸，构成盆山的边界。郯庐断裂带最为醒目的地质特征是，其南段左行错开了印支期由华南陆块与华北陆块陆陆碰撞形成的大别－苏鲁高压－超高压变质带，当前的视水平位移量在550千米左右。

◎ 图 3.31 大别碰撞造山带内榴辉岩

◎ 图 3.32 郯庐断裂带示意图（据宋仁亮 等，2021修改；安徽省地质调查院 供图）

一般认为郯庐断裂带起源于印支期华北陆块与华南陆块碰撞造山过程,活动时期主要在中生代,在晚侏罗世至早白垩世初以左行平移活动为主,在早白垩世－古近纪期间,以伸展活动为主,控制了沿线盆地内下白垩统－古近系的沉积。(朱光 等,2001)在新近纪中晚期至第四纪,郯庐断裂带已经转变为一条右行剪切断裂。郯庐断裂带至今仍是一个活动构造带。

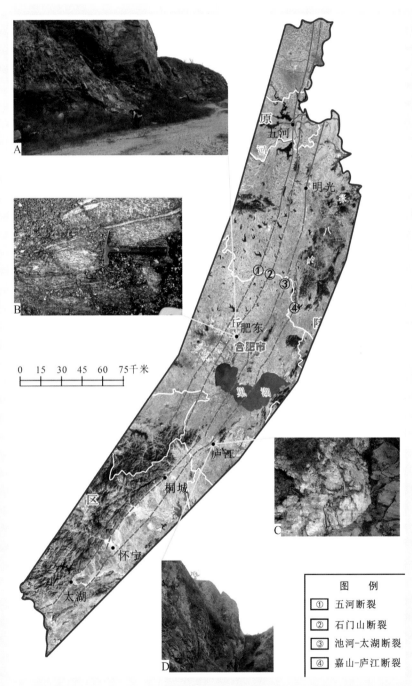

图 例
① 五河断裂
② 石门山断裂
③ 池河-太湖断裂
④ 嘉山-庐江断裂

A.肥东西韦郯庐断裂韧性剪切带　B.肥东西韦片麻质糜棱岩　C.庐江双山断层摩擦面　D.庐江双山断层

◎ 图 3.32

3.4.3 歙县伏川蛇绿岩套

皖南蛇绿岩套赋存于新元古代溪口群牛屋组复理石建造中，位于扬子板块东南缘、江南造山带东段，处于扬子与华夏陆块的汇聚部位，沿休宁－歙县深断裂带呈北东向展布，断续出露约40余千米，因在歙县伏川出露最好，常被称为"伏川蛇绿岩"。蛇绿岩是构造侵位于大陆造山带中的古大洋岩石圈残片，形成于洋陆过渡区的活动大陆边缘、被动大陆边缘、岛弧、大陆裂谷等多种

◎ 图3.33

构造背景的洋盆扩张脊。由于蛇绿岩的岩性单元可与大洋岩石圈的各单元一一对应，自提出以来，蛇绿岩就作为确定古板块边界的重要证据。

伏川蛇绿岩套由3个岩相单元组成，下部（Ⅰ）为蛇纹石化超镁铁岩，原岩为方辉橄榄岩、纯橄榄岩，属变质橄榄岩相；往上（Ⅱ）是辉长岩相，包括堆晶辉石岩、伟晶辉长岩、石英闪长岩等；上覆（Ⅲ）熔岩组，包括枕状细碧岩、角斑岩、硅质岩和凝灰质千枚岩。各岩相单元之间以及岩块与围岩之间均呈小型逆冲断层接触，整体自南东向北西以低角度逆冲推覆于前寒武纪歙县片麻状花岗闪长岩岩体之上，对伏川蛇绿岩的锆石定年分析结果表明其应形成于距今8.3亿年左右。（Zhang et al., 2013）伏川蛇绿岩套是扬子陆块与华夏陆块之间构造缝合线代表，其成因构造背景研究对研究我国华南板块前寒武大地构造演化特征具有重要的意义。

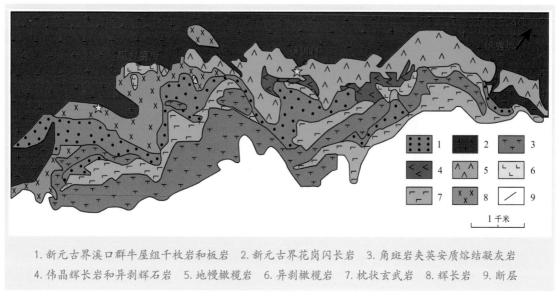

1. 新元古界溪口群牛屋组千枚岩和板岩　2. 新元古界花岗闪长岩　3. 角斑岩夹英安质熔结凝灰岩
4. 伟晶辉长岩和异剥辉石岩　5. 地幔橄榄岩　6. 异剥橄榄岩　7. 枕状玄武岩　8. 辉长岩　9. 断层

◎ 图3.34

3.4.4 磨子潭－晓天断裂

　　磨子潭－晓天断裂横亘于大别山北麓，是大别造山带内部北淮阳构造带与北大别构造带之间重要的构造边界，区内延伸长达160千米，主断面自豫皖交界的九峰尖北，向东经金寨县青山、霍山县磨子潭与晓天至桐城县，被池太深断裂所截。断裂总体走向290°左右，北倾，倾角中等，局部陡立，表现为多期活动的韧脆性左

◎ 图 3.35

行平移正断层。断裂南侧发育宽0.5～2千米强构造片理化带，为区域性大型韧性剪切带，主要由糜棱岩、千糜岩、玻化岩、构造片岩、硅化碎裂岩、角砾岩组成。挤压透镜体、构造角砾岩、褶皱化岩片、拉伸线理、皱纹线理十分发育，沿断裂时有基性、酸性岩枝、岩脉贯入。该断裂可能于加里东期即已开始启动，印支晚期至燕山早期为断裂成熟期，是一条长期活动的深断裂。

3.4.5 洪镇变质核杂岩构造

　　安徽沿江地区发育一种独特的地质构造景观——变质核杂岩构造，以怀宁洪镇变质核杂岩构造为代表。洪镇变质核杂岩地处安庆与潜山之间的洪镇地区，位于大别造山带东侧的扬子陆块上，主要由变质杂岩核、基底滑脱剥离带、褶皱层及其中的多层次构造剥离断层（带）和未变质的盖层组成。

　　变质核杂岩为由元古宙董岭岩群片麻岩等组成的北东向长垣状背斜，其南东翼有燕山晚期（距今1.23亿年）侵位的洪镇花岗岩体。基底滑脱剥离带是分割基底与上覆褶叠层的主要界面，下盘为董岭岩群糜棱岩化岩石组成的韧性滑脱带，滑脱带自下而上为条带状片麻岩、眼球状糜棱片麻岩、变晶糜棱片岩和碎裂糜棱岩。褶叠层由寒武纪至早三叠世以海相为主的沉积岩系组成，岩石普遍发生变质、变形。在变质杂岩核底辟上侵过程中形成以基底变质杂岩为核部的穹隆，其上覆岩层由穹隆中心向四周滑覆和收缩变形，从而形成了以基底变质杂岩为核的环状滑覆构造体系。其主要表现有环状叠加褶皱构造，呈环状分布的面理和线理，以及环状剥离断层系统。（李德威，1993）

◎ 图 3.33
伏川蛇绿岩套露头
（支利庚 摄）

图 3.34
伏川蛇绿岩套地质简图
（据郑涛 等，2019 修改）

图 3.35
磨子潭－晓天断裂野外露头
（晓天镇朱河村）

巢湖动物群马家山
化石产地

第 4 章

重要化石产地

安徽古生物化石资源十分丰富，自元古代至新生代，几乎各个时期都发育了丰富的生物群化石。如新元古代的"淮南生物群""休宁蓝田生物群"、早寒武世的"西递海绵动物群"、奥陶纪的"宁国胡乐笔石动物群"、晚泥盆世的"广德新杭化石森林"、早三叠世的"巢湖动物群"、侏罗纪－白垩纪的"黄山恐龙化石群"、古近纪的"潜山哺乳动物群"、第四纪的"繁昌人字洞古人类活动遗址""和县龙潭洞直立人遗址""东至华龙洞古人类遗址""巢湖银山智人遗址""淮河古菱齿象"等，均为安徽省特有的古生物化石群，在国内外享有很高知名度。由于蓝田生物群涉及多细胞生物和后生动物起源与早期演化的研究，巢湖动物群涉及中生代海生爬行动物的起源与早期演化的研究，潜山哺乳动物群涉及啮齿类起源与早期演化的研究，安徽古人类涉及直立人和智人在中国的演化与迁徙的研究，使安徽长期成为中国乃至世界古生物研究的热点地区。

◎ 图 4.1
安徽重要化石产地分布图

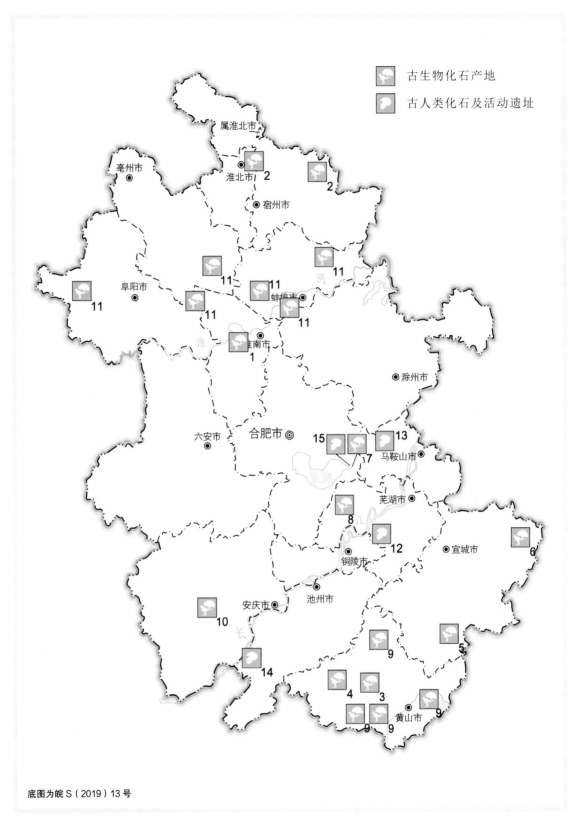

古生物化石产地

古人类化石及活动遗址

底图为皖S（2019）13号

1. 淮南生物群化石产地　2. 皖北叠层石化石产地　3. 休宁蓝田生物群化石产地　4. 西递海绵动物群产地　5. 宁国胡乐笔石动物群化石产地　6. 广德新杭化石森林产地　7. 巢湖动物群化石产地　8. 无为巢湖龙化石产地　9. 黄山恐龙化石群产地　10. 潜山哺乳动物群化石产地　11. 淮河古菱齿象化石产地　12. 繁昌人字洞古人类活动遗址　13. 和县龙潭洞直立人遗址　14. 东至华龙洞直立人遗址　15. 巢湖银山智人遗址

◎ 图 4.1

4.1 古生物化石产地

4.1.1 淮南生物群化石产地

淮南生物群化石产地主要分布于淮南市寿县八公山一带，产自新元古代刘老碑组和九里桥组地层中，地质时代为距今 8.5 亿～7.5 亿年。该生物群主要包括肉眼可见的宏体藻类化石、用显微镜才能观察到的微体藻类化石、由微体藻类和细菌交替生长形成的叠层石，以及疑似蠕虫的化石，为新元古代大冰期前的一个特有生物群落。（牛绍武　等，2002）该生物群由郑文武于 1962 年在寿县首次发现，并由他在 1979 年正式命名为淮南生物群；之后郑文武、邢裕盛、汪贵翔、陈孟莪、阎永奎、陈均远、孙卫国、钱迈平、袁训来等进行了研究。（钱迈平　等，2008）

淮南生物群反映了新元古代早期地球海洋中的生物面貌和较为原始的生态面貌，预示了微体生命向宏体生命的演化过程已经开始。在新元古代冰期发生以前，由于海洋水体含氧量不高，因此海洋生物群以原核生物为主体，真核生物的分异度相对较低，宏体多细胞藻类虽已出现，且部分多细胞藻类已经出现了简单的细胞分化，但数量和种类稀少，以浮游类型居多，整个生物群还是以简单宏观藻类和微生物席为主体。

44

◎ 图 4.2

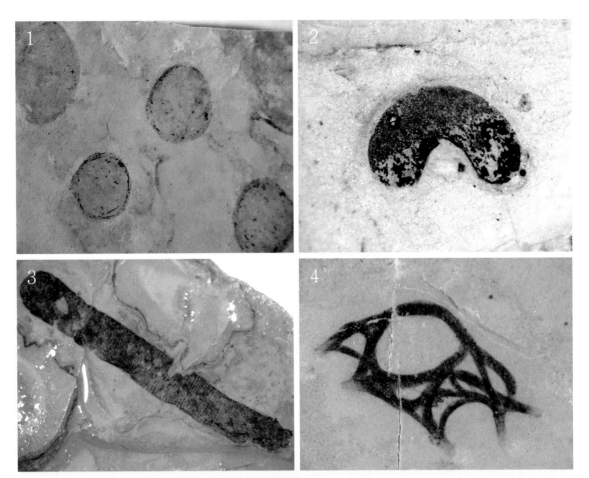

1. 圆盘状丘儿藻 (*Chuaria cicrularis*)   2. 中国塔乌藻 (*Tawuia dalensi*)

3. 淮南皱节虫 (*Sinosabellidites huainanensis*)   4. 帕道里基拉索带藻 (*Tyrasotaenia podolica*)

◎ 图 4.3

4.1.2 皖北叠层石化石产地

叠层石主要是由原核生物（包括蓝藻、光合细菌以及其他微生物）周期性的生命活动所引起的矿物沉积和胶结作用而形成的叠层状生物沉积构造。叠层石代表了地球上最古老和最原始的微生物生态系统。

安徽叠层石主要分布在皖北一带。安徽省北部出露一套巨厚的晚新元古代地层，其间海相碳酸盐岩地层分布广泛，其中由微生物生命活动形成的叠层石数量丰富，多样化程度较高，构成了各种形态及规模的礁体，是我国前寒武纪叠层石较发育的地区之一。根据皖北地区叠层石组合的层位分布特点，可将其划分为 3 个亚组合，自下而上分别为：亚组合 I，星散分布于淮北地区的贾园组、赵圩组及淮南地区的九里桥组，以 *Baicalia, Jurusania,*

◎ 图 4.2
淮南生物群刘老碑组化石产地

◎ 图 4.3
淮南生物群化石产地中代表性大化石

（袁训来 供图）

◎ 图 4.4

Inzeria, *Crassphloem*, *Gymnosolen* 及 *Stratifera* 为特征，形成小型点礁和生物丘；亚组合 Ⅱ，主要分布于淮北地区的倪园组、九顶山组、张渠组、魏集组、史家组、望山组以及淮南地区的四顶山组，包括 *Conophyton*, *Jacutophyton*, *Acaciella*, *Baicalia*, *Jurusania*, *Linella*, *Tungussia*, *Anabaria*, *Minjaria*, *Katavia*, *Gymnosolen*, *Colonnella* 及 *Stratifera* 等多种类型，建造起巨大而复杂的堡礁、堤礁、斑礁、环礁及生物丘/层；亚组合 Ⅲ，仅见于淮北地区的金山寨组，礁体规模较小，以 *Boxonia*, *Xiehiella* 及 *Anabaria* 为主，构成中型的点礁及生物丘。（曹瑞骥 等，2006；钱迈平 等，2008）

淮北的龙脊山馒头顶一带、宿州的耳毛山、淮南的八公山等地叠层石出露较好，分布较集中，具有较好的研究、保护、观赏和开发价值。

◎ 图 4.5

◎ 图 4.6

◎ 图 4.7

4.1.3　休宁蓝田生物群化石产地

　　蓝田生物群化石产地位于黄山市休宁县蓝田地区，产于新元古界埃迪卡拉系蓝田组二段黑色页岩地层中，距今约 6 亿年。该生物群包含了形态多样的宏体藻类，也包含了一些具触手和类似肠道特征、形态可与现代刺胞动物相比较的后生动物，是地球上最古老的宏体真核生物化石群。蓝田生物群最早于 1981 年由毕治国等在休宁、黟县一带发现，并由邢裕盛等（1985）进行了报道。自 1994 年以来，中国科学院南京地质古生物研究所袁训来团队对蓝田地区展开了系统的标本采集和详细研究。

　　蓝田生物群以宏体藻类为主，它们种类丰富，但大多体型较小，高度大多不超过 10 厘米。大部分藻类化石标本藻体呈扇形、纤维状或细丝状，其形态和埃迪卡拉系之前的微体藻类所形成的叠层石大不相同。

◎ 图 4.4
淮南八公山九里桥组叠层石产地

◎ 图 4.5
宿州叠层石

◎ 图 4.6
宿州耳毛山叠层石
（俞凤翔　摄）

◎ 图 4.7
蓝田生物群产地

◎ 图 4.8
线状安徽藻化石
（袁训来 等，2015）

◎ 图 4.8

蓝田生物群中的动物可能主要为软体刺胞动物，它们数量较为稀少，常呈扇形或棒形，顶端具有细小的触手，基部具有盘状的固着器官。这些化石均以炭质压膜的形式保存，具有较为复杂的形态分异和可能的解剖结构，与宏体藻类和真菌存在较大区别，而与一些后生动物如刺胞动物具有较高的相似性。

与淮南生物群相比，以蓝田生物群为代表的真核多细胞宏体生物数量和种类明显增加，身体结构复杂程度明显提高，细胞分化更加明显，部分生物体上出现了固着器官以及类似触手的器官。蓝田生物群是出现多细胞宏体生物这一重要生命进化历程的见证，为我们认识复杂宏体多细胞生物的起源演化和环境背景打开了一个新窗口。（Narbonne et al.，2011；袁训来 等，2012；袁训来 等，2015）

表4.1　蓝田生物群主要化石

序号	学名	中文名称	生物属性
1	Anhuiphyton lineatum	线状安徽藻	宏体藻类
2	Chuaria	丘尔藻未定种	宏体藻类
3	Doushantuophyton lineare	线状陡山沱藻	宏体藻类
4	Doushantuophyton rigidulum	坚实陡山沱藻	宏体藻类
5	Doushantuophyton cometa	帚状陡山沱藻	宏体藻类
6	Enteromorphites siniansis	中华拟浒苔	宏体藻类
7	Flabellophyton lantianensis	蓝田扇形藻	宏体藻类
8	Grypania spiralis	盘旋卷曲藻	宏体藻类
9	Huangshanophyton fluticulosum	多枝黄山藻	宏体藻类
10	Marpolia spissa	穗状玛波利亚藻	宏体藻类
11	Lantianella laevis	光滑蓝田虫	后生动物
12	Lantianella annularis	环纹蓝田虫	后生动物
13	Piyuania cupularis	杯状皮园虫	后生动物
14	Qianchuania fusifromis	梭状前川虫	后生动物
15	Xiuningella rara	稀少休宁虫	后生动物

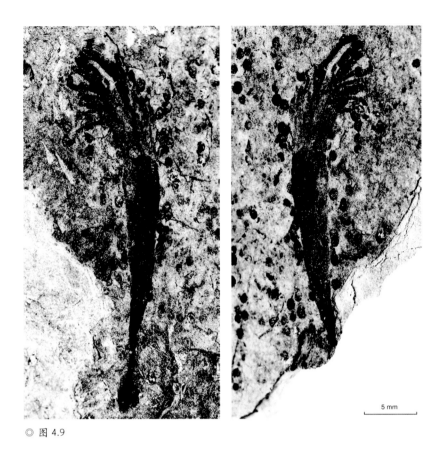

◎ 图 4.9

◎ 图 4.10

◎ 图 4.9
光滑蓝田虫化石
（袁训来 等，2012）

◎ 图 4.10
蓝田生物群复原图
（袁训来 等，2012）

4.1.4　西递海绵动物群化石产地

西递海绵动物群化石产地位于黄山市黟县西递及休宁县蓝田地区，化石产于早寒武世荷塘组下部的黑色页岩中，以海绵骨针为主。这些海绵骨针化石大多属于六射海绵纲，保存完好，数量众多，分异度较高，代表了早寒武世一个独特的、以底栖固着和滤食性方式生活的动物群。在西递海绵动物群化石中，还发现了一块未完整保存的海绵化石，高约50厘米，保守估计其完整的海绵个体高可达1米左右。（陈哲 等，2004）

在西递海绵动物群中，非两侧对称的滤食性底栖生物体型较大，占据了较高的生态层级，两侧对称的生物体型较小，占据了中－低生态层级。这一生态特征与澄江动物群和布尔吉斯页岩生物群中所发现的生态现象较为一致。寒武纪底栖生物的演化可能引起了包括奥陶纪生物辐射中两侧对称生物在较高生态阶层中的崛起等一系列生态演化事件。（袁训来 等，2002）

1. *Heminectera* sp.　2. 六射海绵（未定种），保存部分约45厘米，推测完整的海绵个体可达1米以上　3—4. *Heminectera* sp. 化石及复原　5—6. *Heminectera* sp. 化石及复原　7. 六射海绵（未定种）复原图　8. 软舌螺类　9. 遗迹化石　10. 普通海绵 *Choia* sp.

◎ 图4.11

◎ 图4.12

◎ 图4.11
西递海绵动物群化石产地中的化石
（陈哲 等，2004）

◎ 图4.12
西递海绵动物群化石产地

◎ 图4.13
胡乐笔石化石产地

◎ 图4.14
笔石化石

4.1.5 宁国胡乐笔石动物群化石产地

◎ 图 4.13

胡乐笔石动物群化石产地位于宣城市宁国胡乐地区，化石产于奥陶系印渚埠组、宁国组、胡乐组、砚瓦山组、黄泥岗组、长坞组地层中。20世纪30年代，著名地质学家、古生物学家许杰教授首先在胡乐地区进行了奥陶系地层古生物调查研究，建立了本区的地层系统和笔石序列，至今仍被广泛作为地层划分、对比的标准。

奥陶纪是地史上大陆地区遭受广泛海侵的时代，也是海生无脊椎动物真正达到繁盛的时期，奥陶纪最重要的生物门类是笔石、三叶虫和腕足类。笔石因其被压扁的形状像描绘在岩石层面上的象形文字而得名。胡乐地区宁国组和胡乐组地层中笔石化石种类繁多，保存良好，个体数量多。宁国期对笔石最为繁盛，仅见少量雕笔石和栅笔石；胡乐期发育叉笔石，以双笔石类和双头笔石类的共同发育为特征。胡乐笔石不仅具有世界性的标准属种，还有一些地方特有的分子，其中许多是演化上的关键属种，为研究笔石的演化、系统分类及生态等提供了丰富的材料。

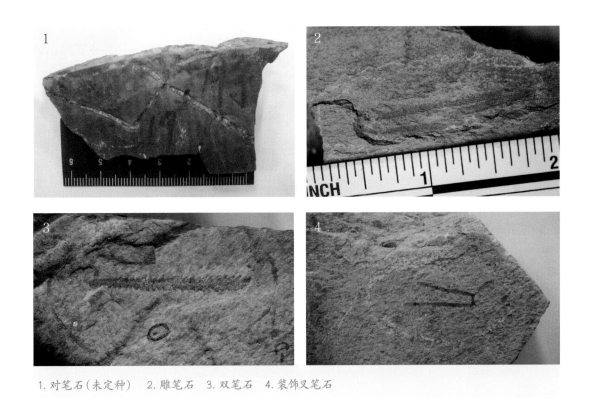

1. 对笔石（未定种）　2. 雕笔石　3. 双笔石　4. 装饰叉笔石

◎ 图 4.14

4.1.6　广德新杭化石森林产地

新杭化石森林产地位于宣城市广德市新杭镇箭穿地区，原位保存在泥盆系五通组上部的擂鼓台段地层，地质年代为晚泥盆世法门期（距今 3.72 亿～ 3.59 亿年）。该森林由小型的石松类树木广德木 Guangdedendron 组成，局部高密度分布；广德木演化出最早的根座型 Stigmaria 的根，生活在热带滨海湿地。该化石森林由北京大学地球与空间科学学院王德明教授领导的古植物课题组在 2016 年发现。

新杭化石森林是我国乃至亚洲目前最早的森林，它的出露面积大，在早期森林中十分罕见。新杭化石森林的发现让我们认识到，起源于泥盆纪的最早森林的分布并不局限在欧美地区；这些化石森林通过光合作用和碳埋藏，能够极大地促进晚古生代全球大气二氧化碳浓度的快速降低；广德木的分布密度和生活习性表明，早期森林有利于海岸地带的水土保持和陆地生境的拓展。（Wang et al., 2019）

◎ 图 4.15

◎ 图 4.15
广德新杭镇发现的广德木化石

◎ 图 4.16
广德新杭镇箭穿化石产地

◎ 图 4.17
广德森林复原场景图
（王德明　供图）

◎ 图 4.16

◎ 图 4.17

4.1.7 巢湖动物群化石产地

巢湖动物群化石产地位于合肥市巢湖马家山 - 平顶山及其周边地区，化石产自南陵湖组中上段地层中，时代为早三叠世奥伦尼克期斯帕斯亚期中晚期，距今约 2.48 亿年（Fu et al., 2016），最低产出层位处于牙形石 *Neospathodus triangularis* 带和菊石 *Procolumbites* 带（Motani et al., 2015）。以巢湖龙 *Chaohusaurus*、柔腕短吻龙 *Cartorhynchus lenticarpus*、小头刚体龙 *Sclerocormus parviceps* 等原始鱼龙类为特色，并伴生有鳍龙类、鱼类、菊石、双壳、节肢动物等，该动物群标本数量多，保存完整，物种分异度高，较完整地保存了二叠纪末生物大灭绝之后生物复苏的丰富信息，是开展早三叠世海生爬行动物起源与演化研究的最重要的地区。（Jiang et al., 2016；Huang et al., 2019）

自 1972 年杨钟健、董枝明描述了一个可能来自巢湖龟山的标本并命名为龟山巢湖龙（*Chaohusaurus geishanensis*）起，巢湖动物群的研究已有近 50 年的历史。此后，陈烈祖、Mazin、Motani、McGowan 等陆续对巢湖鱼龙展开研究，并取得了一些新认识。

2010 年起，安徽省地质博物馆联合北京大学、美国加州大学等专家对巢湖动物群开展了系统的调查、发掘和研究工作，共采集到近 150 件海生脊椎动物化石，取得了一系列

◎ 图 4.18

重要发现：首次在该地区发现已知最古老的带胚胎的鱼龙化石，将鱼龙胎生的记录提前了1000万年，并提出鱼龙胎生生殖方式陆地起源的新观点（Motani et al., 2014）；首次在该地区发现确切的始鳍龙类化石——盘乌喙骨马家山龙（*Majiashanosaurus discocoracoidis*），该标本是目前世界上最早的鳍龙类化石（陈冠宝 等, 2014）；首次发现了具有两栖生活习性的原始鱼龙形新化石材料——柔腕短吻龙，支序分析发现它在鱼龙演化谱系中处于最基部的位置，填补了陆地祖先与完全适应海洋生活的鱼龙之间的演化环节（Motani et al., 2015）；首次在该地区发现同时代个体最大的原始鱼龙形新化石材料——小头刚体龙（Jiang et al., 2016）；发现龙鱼新化石材料等；在巢县巢湖龙中识别出性双型现象，并依据新化石材料建立短腿巢湖龙（*Chaohusaurus brevifemoralis*）一新种（Huang et al., 2019）。通过谱系分析，小头刚体龙和柔腕短吻龙是姐妹群关系，处于鱼龙形次下纲（Ichthyosauriformes）的根部位置；龟山巢湖龙、巢县巢湖龙、短腿巢湖龙和张家湾巢湖龙处于鱼龙超目（Ichthyopterygia）的根部位置（Huang et al., 2019）。尤其是比巢湖龙特征更加原始的柔腕短吻龙和小头刚体龙的发现，为我们揭示鱼龙的陆地起源与早期演化研究提供了宝

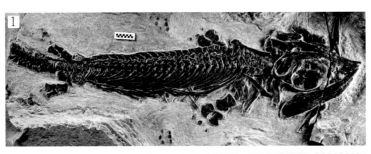

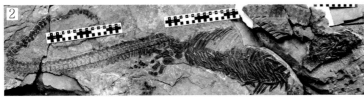

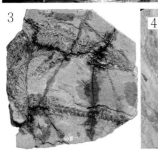
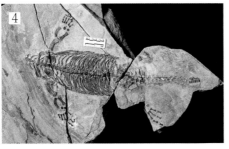

1. 柔腕短吻龙　2. 小头刚体龙　3. 巢县巢湖龙　4. 盘乌喙骨马家山龙　5. 龟山巢湖龙　6. 短腿巢湖龙

◎ 图 4.19

◎ 图 4.18
巢湖鱼龙场景复原图

◎ 图 4.19
巢湖动物群代表性海生爬行动物化石

贵的化石材料。而安徽巢湖动物群的高分异度表明早三叠世晚期海洋生态系统已经开始迅速复苏，这与传统认为的延迟复苏观点相反。（Jiang et al., 2016；Motani et al., 2015）

4.1.8 黄山恐龙化石群产地

黄山恐龙化石群产地由一系列分布于黄山市辖区范围内的化石点构成。恐龙骨骼化石主要发现于歙县横关乡鸡母山中侏罗统洪琴组地层、屯溪区新潭乡碧山岭下白垩统新潭组地层和徽州区（原岩寺）择树下上白垩统小岩组地层等。恐龙蛋化石主要发现于休宁县齐云山下索道旁、渭桥乡上暨村下白垩统徽州组地层，以及黄山区太平湖黄土岭的上白垩统宣南组（赤山组）地层。恐龙脚印化石主要发现于休宁县齐云山小壶天、雨君洞和渠口乡上山根村等小岩组地层。

目前在皖南发现的恐龙化石点已达 10 处，已命名恐龙骨骼化石 3 属 3 种、恐龙蛋化石 5 属 5 种、恐龙足迹化石 3 属 3 种。在这个不足 100 平方千米的范围内能同时保存恐龙骨骼、恐龙蛋和恐龙足迹化石这种"三位一体"的现象，在恐龙研究史上具有重要意义，为研究黄山地区中生代中晚期生物和环境演化历史提供了重要的化石证据，为区域生物地层对比提供了直接的依据，也为我们从另一个角度了解神秘、富饶、丰富多彩的黄山地区打开了一扇大门。

56

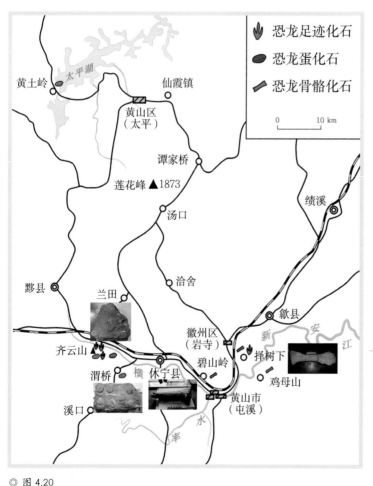

◎ 图 4.20

◎ 图 4.20 黄山地区恐龙化石分布图（据余心起，1999 修改）

◎ 图 4.21 小壶天恐龙足迹化石

◎ 图 4.22 休宁伞形蛋化石标本

◎ 图 4.23 齐云山雨君洞恐龙足迹化石

◎ 图 4.21   ◎ 图 4.22   ◎ 图 4.23

表 4.2　黄山地区恐龙属种列表

序号	类型	属种名	时代 / 层位	地点
1	恐龙骨骼	岩寺皖南龙 *Wannanosaurus yansiensis* Hou, 1977	晚白垩世 / 小岩组上段	徽州区岩寺罗田乡 择树下
2	恐龙骨骼	安徽黄山龙 *Huangshanlong anhuiensis* Huang et al., 2014	中侏罗世 / 洪琴组中上部	黄山歙县横关乡 万灶自然村鸡母山
3	恐龙骨骼	地博安徽龙 *Anhuilong diboensis* Ren et al., 2018	中侏罗世 / 洪琴组中上部	黄山歙县横关乡 万灶自然村鸡母山
4	恐龙蛋	太平湖长形蛋 *Elongatoolithus taipinghuensis* Yu, 1998	晚白垩世 / 宣南组	黄山区太平湖镇 黄土岭
5	恐龙蛋	黄土岭椭圆形蛋 *Ovaloolithus huangtulingensis* Yu, 1998	晚白垩世 / 宣南组	黄山区太平湖镇 黄土岭
6	恐龙蛋	渭桥椭圆形蛋 *Ovaloolithus weiqiaoensis* Yu, 1998	早白垩世 / 徽州组上段上部	休宁县渭桥乡 上暨村
7	恐龙蛋	休宁伞形蛋 *Umbellaoolithus xiuningensis* Huang et al., 2017	早白垩世 / 徽州组上段顶部	休宁县 齐云山镇
8	恐龙蛋	齐云山似蜂窝蛋 *Similifaveoloolithus qiyunshanensis* He et al., 2014	早白垩世 / 徽州组上段顶部	休宁县 齐云山景区
9	恐龙足迹	渠口休宁龙 *Xiuningpus qukouensis* Yu, 1998	早白垩世 / 徽州组上段顶部	休宁县渭桥乡 渠口村上山根
10	恐龙足迹	小壶天齐云山足迹 *Qiyunshanpus xiaohutianensis* Yu, 1998	晚白垩世 / 小岩组下段顶部	休宁县齐云山 小壶天
11	恐龙足迹	张三丰副强壮足迹 *Paracorpulentapus zhangsanfengi* Xing et al., 2014	晚白垩世 / 小岩组下段顶部	休宁县齐云山 小壶天

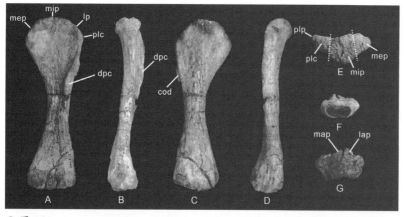

◎ 图 4.24

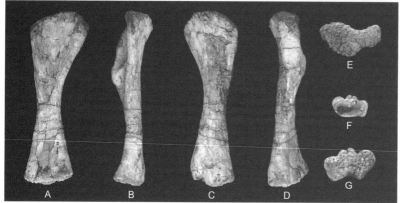

◎ 图 4.25

◎ 图 4.26

4.1.9 潜山哺乳动物群化石产地

潜山哺乳动物群化石产地位于大别山腹地的安庆市潜山市、华北和扬子两大陆块之间大别碰撞造山带的东段、郯庐断裂带南段。在潜山盆地古新世望虎墩组、痘姆组红色碎屑岩中，产出独特的潜山古新世哺乳动物群化石。20世纪70年代以来，中国科学院古脊椎动物与古人类研究所李传夔、王元青等先后多次于潜山盆地开展野外考察，发现大量脊椎动物化石。迄今为止已发现47种哺乳动物化石、13种爬行动物化石和2种鸟类化石。（Wang et al., 2016）

潜山哺乳动物群产地内的脊椎动物化石丰度和分异度都很高，为人们了解我国古新世脊椎动物群的面貌提供了重要依据。潜山发现的最有意义的化石当首推东方晓鼠和模鼠兔，它们分别代表了啮齿类（鼠）和兔形类（兔）的祖先类型。潜山哺乳动物这些化石的发现，为世界古新世哺乳动物群增添了新的内容，大大丰富了人们对新生代初期哺乳动物发展历史的认识。

◎ 图 4.29

◎ 图 4.30

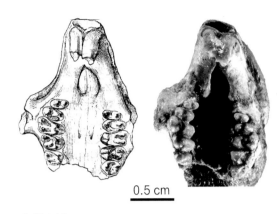

0.5 cm

◎ 图 4.27

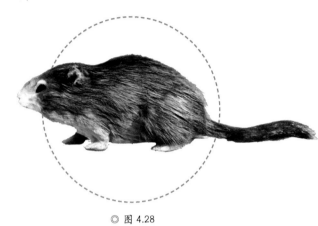

◎ 图 4.28

◎ 图 4.31

◎ 图 4.32

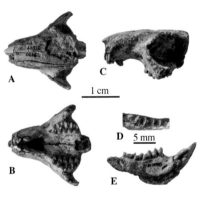

1 cm

D 5 mm

◎ 图 4.33

◎ 图 4.24
地博安徽龙肱骨

◎ 图 4.25
安徽黄山龙肱骨

◎ 图 4.26
潜山哺乳动物群杨小屋化石
产地（一）

◎ 图 4.27
东方晓鼠化石
（李传夔，1977）

◎ 图 4.28
东方晓鼠复原图
（天柱山地质公园管委会 供图）

◎ 图 4.29
大别古脊齿兽化石

◎ 图 4.30
大别古脊齿兽复原图
（天柱山地质公园管委会 供图）

◎ 图 4.31
潜山哺乳动物群杨小屋化石
产地（二）

◎ 图 4.32
安徽模鼠兔复原图
（天柱山地质公园管委会 供图）

◎ 图 4.33
安徽模鼠兔化石
（李传夔 等，2019）

4.1.10　淮河古菱齿象化石产地

安徽淮河流域的怀远茆塘、蒙城九里桥、临泉城北、颍上、蚌埠市西郊、固镇等地都有古象化石被发现，这些化石可归入真象科2属3种，分别为古菱齿象属的诺氏古菱齿象、纳玛古菱齿象以及安徽菱齿象属的贾氏安徽菱齿象，化石地层地质时代为新生代第四纪晚更新世晚期。（李凤麟 等，1988）1977年，刘嘉龙对怀远古象化石进行研究，将其归入诺氏古菱齿象，命名并建立了一个诺氏古菱齿象淮河亚种，张玉萍和宗冠福（1983）将其归入纳玛古菱齿象；刘嘉龙和甄朔南（1980）对蒙城古象进行研究，命名并建立

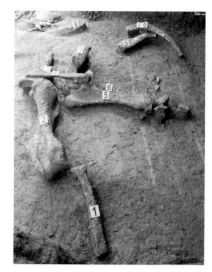

◎ 图 4.34

了贾氏安徽菱齿象；李凤麟和金权（1988）报道了蒙城九里桥古菱齿象化石。2010年9月，在蒙城县立仓镇张长营村干枯水塘中发现古菱齿象化石；2011年，在蒙城县立仓镇黎明村发现淮河古象化石并上报安徽省自然资源厅（原安徽省国土资源厅），化石现已收藏于安徽省地质博物馆；2016年6月，临泉县文物管理部门接到群众报告分别在该县陈集镇和杨桥镇发现古象化石，标本保存于临泉县博物馆，对以上标本尚未开展研究工作。淮河古象化石的发现与研究对探讨真象的起源与演化以及淮河流域的古环境具有重要意义。

◎ 图 4.35

4.2 古人类化石及活动遗址

4.2.1 繁昌人字洞古人类活动遗址

繁昌人字洞古人类活动遗址位于芜湖市繁昌区孙村镇西北2千米癞痢山东南坡上，是三叠系石灰岩经水溶蚀形成的一处洞穴，洞穴自然剖面呈人字形，因此而得名。依据其中的哺乳动物化石推断，其地质时代为更新世早期，距今240万～200万年。洞穴堆积厚度约40米，宽8～12米。遗址中发现了石制品和有人工打击痕迹的骨制品200多件，采集脊椎动物化石70余种，化石标本达7000多件，这在我国境内其他早期人类活动遗址中较为少见。研究表明，人字洞遗址是欧亚大陆迄今已知发现最早的古人类活动遗址，它的发现和对它的研究为探讨我国南方旧石器早期文化的性质、亚洲早期人类活动特点及第四纪早期气候事件具有重大意义。（金昌柱 等，2000）

◎ 图 4.36

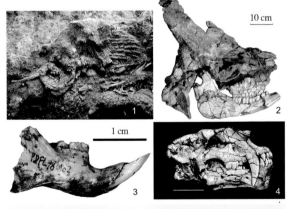

◎ 图 4.34
临泉淮河古菱齿象化石发掘现场
（邢伟 供图）

◎ 图 4.35
淮河诺氏古菱齿象化石

◎ 图 4.36
繁昌人字洞远景

◎ 图 4.37
繁昌人字洞遗址发现的哺乳动物化石
（金昌柱 等，2014）

1. 江南中华乳齿象（*Sinomastodon jiangnanensis*）　2. 粗壮丽牛（*Leptobos crassus*）头骨右面视　3. 扬子长毛鼠（*Diplothrix yangziensis*）右下颌右面视　4. 钝齿锯齿虎（*Homotherium crenatidens*）头骨右面视

◎ 图 4.37

4.2.2　和县龙潭洞直立人遗址

　　和县龙潭洞直立人遗址位于马鞍山市和县陶店镇汪家山龙潭洞，为一处发育在寒武系白云岩岩层中的洞穴。洞中发现一件猿人头盖骨（男性青年），部分下颌骨和零星牙齿，并在同一层位发现丰富的脊椎动物化石。此外，在遗址中还发现一些骨、角制品和烧过的骨、牙碎片。和县猿人头盖骨、下颌骨和牙齿代表了至少3个以上的个体；化石的形态具有直立人的许多典型特征，可归属于直立人；和县直立人的形态和北京猿人较为相似，又具有若干较北京猿人进步的特征，是一种进步类型的直立人。

　　通过对和县直立人遗址脊椎动物化石的研究，认为该遗址的地质时代为中更新世，人类化石的年代范围在距今41.2万~15万年。（刘武 等，2014）同时这些脊椎动物化石具有南、北方型动物互相混合的过渡类型特征，说明当时正处在北方型动物大举向南迁移的时期（或西部中高山地区动物下山东迁的时期），反映了森林兼草原的生态环境，气候上代表寒冷期。当时和县一带的气候与现在华北南部的气候相似，但更为湿润。和县直立人遗址是我国长江中、下游发现的第一个猿人（直立人）化石地点，在古人类学、古生物学和地层学的研究上都具有重要意义。

62

◎ 图 4.38

◎ 图 4.38
和县龙潭洞遗址

◎ 图 4.39
和县直立人头盖骨化石
（刘武 等，2014）

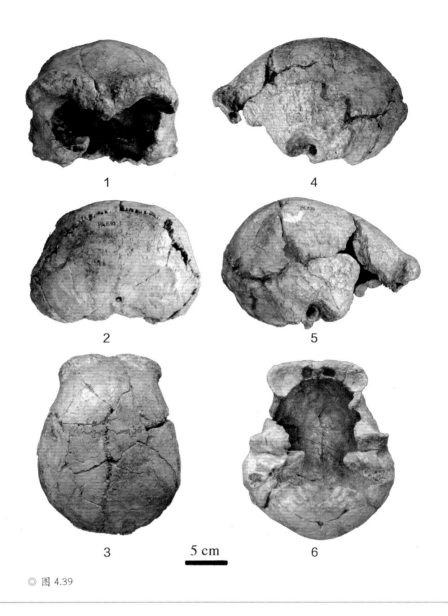

1　　　　　　　　　4

2　　　　　　　　　5

3　　5 cm　　　　6

◎ 图 4.39

4.2.3 东至华龙洞直立人遗址

东至华龙洞直立人遗址位于池州市东至县，是由一处古老的洞穴坍塌而形成的。在华龙洞遗址中，发现包括 1 件保存有眼眶和部分面部的头骨在内的古人类化石 20 余件，以及古人类制作使用的石器、大量具有人工切割或砍砸痕迹的骨片。除此之外，在华龙洞遗址中还发现了数量丰富的脊椎动物化石，包括 40 余个动物属种、60000 余件（包含破碎骨片）标本。（同号文 等，2018）

根据对出土的动物化石种类的鉴定，华龙洞古人类的生存时代在更新世中期，与安徽和县直立人时代接近或更早。研究人员运用铀系不平衡法测年代，获得年代数据为距今 33.1 万 ~ 27.5 万年。（Wu et al.，2019）华龙洞古人类化石的发现是中国古人类考古界取得的一项重大进展，证实安徽是古人类演化、扩散的重要地区，对于探讨中国直立人的分布、演化、变异具有重要的价值。

◎ 图 4.40

◎ 图 4.41

◎ 图 4.42

◎ 图 4.40
华龙洞洞口

◎ 图 4.41
华龙洞人工切割痕迹
（安徽省文物考古研究所 供图）

◎ 图 4.42
华龙洞古人类遗址产出的直立人
头骨化石
（刘武 等，2014）

◎ 图 4.43
巢湖银山智人化石
（刘武 等，2014）

◎ 图 4.44
巢湖银山智人遗址

4.2.4　巢湖银山智人遗址

巢湖银山智人遗址位于巢湖市银屏镇银山村，为洞穴堆积，洞穴发育于石炭系黄龙组灰岩中。目前已发现有1块人类枕骨化石、1块人类上颌骨和3枚零星牙齿。通过对人类枕骨、上颌骨化石的研究，认为它们分别代表1名青年女性个体和1名男性个体，其形态特征均属于早期智人，地质时代属于中更新世，距今30万～20万年，晚于和县猿人所处时代。此外，还发现了丰富的哺乳动物化石，上部堆积的种类有豺、熊、中国短吻鬣狗、剑齿象、肿骨鹿等16个属种；下部堆积的种类有桑氏短吻鬣狗、巨剑齿虎、四棱嵌齿象、剑齿象、长鼻三趾马等11个属种。（刘武 等，2014）

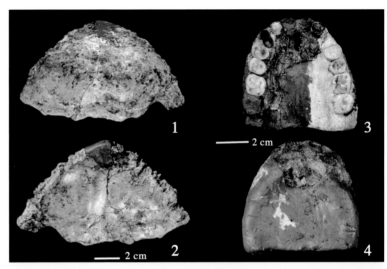

1. 枕骨外侧面　2. 枕骨内侧面　3. 上颌骨顶面　4. 上颌骨底面

◎ 图 4.43

◎ 图 4.44

凹山铁矿采矿遗址

（马鞍山市自然资源和

规划局　供图）

第 5 章

重要岩矿石产地

安徽矿产资源丰富，煤炭、铁矿、铜矿、钼矿是优势矿产，主要矿产分布呈"北煤、中铜铁钼、南钨"的格局。其中两淮煤田是中国南方最大的煤炭生产基地，淮北、淮南也是因煤而设市的矿业城市。截至 2021 年底，全省查明资源储量的固体矿产地 1437 处，其中大型矿床 241 处，中型矿床 297 处，小型矿床 389 处。

安徽也分布有许多重要的岩石矿物产地，有极具科学研究价值的含柯石英、金刚石榴辉岩等，有誉为"四大名石"之首的灵璧石以及歙砚石等，大别山、黄山石英质玉等也深受广大玉石爱好者青睐。

安徽矿业开发历史悠久，留下了丰富的矿业遗址，如两淮煤田采矿遗迹、铜陵古铜矿采矿遗址、黄山花山迷窟等已成为重要的景观旅游资源。

◎ 图 5.1
安徽重要岩矿石产地分布图

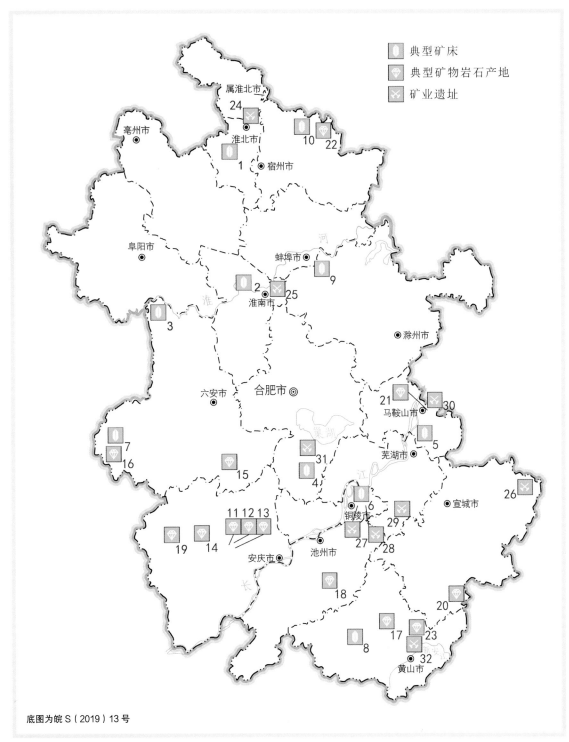

底图为皖 S（2019）13 号

1.淮北煤田　2.淮南煤田　3.霍邱铁矿　4.庐江泥河铁矿　5.马鞍山姑山铁矿　6.铜陵冬瓜山铁矿　7.金寨沙坪沟钼矿　8.祁门东源钼矿　9.凤阳石英岩矿　10.宿州栏杆老寨山金刚石矿　11.潜山新店含金刚石榴辉岩　12.潜山韩长冲含柯石英榴辉岩　13.潜山新建硬玉石英岩　14.岳西碧溪岭榴辉岩、石榴橄榄岩　15.霍山龚家岭红刚玉　16.大别山石英质玉　17.黄山石英质玉　18.九华玉　19.岳西店前河菜花玉　20.绩溪荆州鸡血石　21.马鞍山笔架山绿松石矿　22.灵璧石产地　23.歙县歙砚产地　24.淮北煤矿采矿遗址　25.淮南煤矿采矿遗址　26.广德长广煤矿遗址　27.铜陵铜官山矿采矿遗址　28.铜陵金牛洞古铜矿遗址　29.南陵大工山古铜矿采冶遗址　30.马鞍山凹山铁矿采矿遗址　31.庐江矾山古矾矿遗址　32.黄山花山谜窟古采矿遗址

◎ 图 5.1

5.1　典型矿床

5.1.1　淮北煤田

淮北煤田位于安徽北部，北起鲁皖和苏皖省界，南止固镇、楚店一线的板桥断裂，东起徐州–固镇一线以西，西止豫皖省界，行政区划属淮北市濉溪县、砀山县、萧县、宿州市、固镇县、涡阳县和蒙城县所辖。煤田东西长 40～120 千米，南北宽约 135 千米，面积约 12778 平方千米。

◎ 图 5.2

从赋煤构造单元上看，淮北煤田位于华北陆块徐淮赋煤带内的淮北断陷带内。煤田东与郯庐断裂带和扬子板块相接，南依蚌埠隆起和淮南煤田相望，北、西至安徽省界。以宿北断裂为界，煤田大致分为北块和南块，其中北块为濉萧矿区，南块又被南坪断层和黄殷断层分为东段的宿州矿区、中段的临涣矿区和西段的涡阳矿区。煤田内地势除煤田北部濉溪、萧县一带为低矮丘陵外，其余均为平原地区。

煤田构造条件复杂程度总体中等偏复杂。煤田内含煤地层主要为二叠系的山西组与上、下石盒子组，二叠系共含煤 5～25 层，平均总厚 7.10～27.72 米。其中，可采煤层 2～13 层，平均可采总厚最大为 21.01 米。煤层煤质优良，多为低灰–中灰、特低硫–低硫的肥煤、气煤和焦煤，另有少量的 1/3 焦煤、贫煤、瘦煤和无烟煤，一般可作炼焦用煤、炼焦配煤、炼油用煤和动力用煤，也可作民用煤。淮北煤田 2000 米以浅，预测资源量 175 亿吨。

淮北煤田最早的产地是以孤山、烈山矿区为代表的浅层含煤区，其发现时间可上溯到唐朝。从 20 世纪 50 年代中期起，安徽省地矿局先后在本区做了大量的找煤和勘查工作。

◎ 图 5.3

◎ 图 5.5
2013 年淮南煤田潘二矿

◎ 图 5.4
淮南矿业集团顾桥煤矿

◎ 图 5.3
淮北刘店煤矿

◎ 图 5.2
1970 年的淮北煤矿人工开采煤矿情景

5.1.2 淮南煤田

淮南煤田位于安徽北部淮河两岸，地跨淮南、阜阳、亳州三市的凤台、颍上、利辛、蒙城等县、区，其中以淮南市为主体。煤田东西延展约 180 千米，南北宽 20～30 千米，面积 3654 平方千米。煤田划分为 3 个矿区，分别为煤田东部的淮南老矿区、中部的潘谢矿区以及西部的阜东矿区。煤田除南部边缘的淮南市局部为丘陵、低山外，其余均为广阔的冲积平原，海拔高程一般在 22～26 米，丘陵低山最高点亦在 400 米以下。

从赋煤构造单元上看，淮南煤田位于华北陆块南缘，石炭－二叠纪巨型聚煤坳陷的东南隅，徐淮赋煤构造带内的淮南断陷带。煤田北以刘府断裂与蚌埠隆起相邻，南以寿县－老人仓断层为界与合肥坳陷相靠，东起郯庐断裂带，西抵阜阳断层。煤田主体构造形迹呈近北西西向展布的大型复式向斜，自北向南有朱集－唐集背斜、尚塘－耿村向斜、陈桥－潘集背斜、谢桥－古沟向斜等，褶皱轴部在西部昂起。构造条件复杂程度总体为简单至中等，仅局部区块较复杂或极复杂。煤田含煤地层为二叠系，主要分布在山西组和上、下石盒子组，含可采煤层 8～19 层，平均可采厚度最大可达 24.6 米，煤层稳定，煤质优良，多以中低变质的气煤和 1/3 焦煤，一般可作炼焦配煤、炼油用煤和动力用煤，也可作民用煤。淮南煤田 2000 米以浅，预测资源量 255 亿吨。

淮南煤田是我省煤炭资源勘探、开发最早的煤田之一，最早发现于明朝。新中国成立前，谢家荣、燕树檀、柴登榜等，在八公山东北发现上石炭统有含蜓科化石的石灰岩露头，根据这一发现，在八公山和山金家打出了厚达 20 多米的可采煤层，轰动了当时的地质界、采矿界，为淮南煤田地质勘查开发做出了卓越的贡献。新中国成立后，在资源丰富、开发条件较好的地区，进行了大规模的钻探、物探相配合的勘查工作，目前，淮南煤田 3 个矿区内已建成大中型生产矿井 19 对，基建矿井 4 对，实际生产能力达 9427 万吨／年。

◎ 图 5.4

◎ 图 5.5

5.1.3　霍邱铁矿

霍邱铁矿位于六安市霍邱县西部、淮河以南的平原区,淮河以北有零星分布,属全隐伏大型铁矿。矿田范围北自淮河南岸,南自马店乡的重新集,西自桥台-花园-冯井-四十里长山东侧一线,东至王截流-代店-高塘集-何家圩子一线,南北长约 32 千米,东西宽为 3~6 千米,面积约 160 平方千米。大地构造位置处在华北陆块南缘。矿田自北而南由周集、张庄、李老庄、范桥、草楼、周油坊、李楼、吴集、重新集等大、中型矿床组成。

矿体产于霍邱岩群吴集岩组和周集岩组片(麻)岩或大理岩中。矿体埋深一般 300~500 米。每个矿床有矿体 3~7 个,呈层状、似层状,长度 200~2000 米,最长 3600 米,厚度 10~50 米,最厚 200 米。金属矿物主要为磁铁矿和镜铁矿,次为赤铁矿、穆磁铁矿、褐铁矿,少量至微量黄铁矿、磁黄铁矿、黄铜矿。矿石呈条带状及皱纹状构造。霍邱铁矿特点是分布集中,规模较大,品位较低,选矿较易,精矿质地纯净。经选矿,金属回收率为 86%,精矿品位达 65%,深选后精矿品位达 72.19%,化学成份单一,硫、磷含量低。矿床成因类型为沉积变质型。

霍邱铁矿累计查明资源储量 237983.5 万吨,占全省的 37.18%。该矿区资源储量居全国同类型矿种的第 5 位、华东地区第 1 位,已被列为国家大型铁矿基地。

◎ 图 5.6

5.1.4　庐江泥河铁矿

泥河铁矿位于合肥市庐江县泥河镇,大地构造位置处在扬子陆块北缘庐枞火山岩盆地的西部边缘,受北东向基底隆起带和罗河-缺口断裂共同控制。泥河铁矿是 2007 年勘探发现的由大型磁铁矿、大型硫铁矿、中型硬石膏矿组成的复合型隐伏矿床。主要的赋矿围岩为上侏罗统砖桥组下段的火山碎屑岩及闪长玢岩,赋矿的有利构造为闪长玢岩体的穹状隆起部位,围岩蚀变强烈,矿床成因类型为广义玢岩型。目前该矿床探明磁铁矿 331+332+333 类资源量 18379.72 万吨、硫铁矿 332+333 类资源量 13981.16 万吨、硬石膏矿 333 类资源量 1362.89 万吨。

泥河铁矿的发现是庐枞地区乃至长江中下游地区近 20 年来找矿的重大发现之一,它的发现预示在长江中下游地区进一步开展深部找矿工作具有十分广阔的前景,这将对长江中下游地区深部找矿工作起到积极的推动作用。(吴明安 等,2011)

◎ 图 5.7

5.1.5 马鞍山姑山铁矿

姑山铁矿位于马鞍山市当涂县年陡镇境内，地处扬子陆块北缘长江中下游铁铜成矿带宁芜陆相火山岩盆地南段。矿区内岩浆活动频繁而强烈，侵入岩主要为闪长岩、辉石闪长岩体和辉石闪长玢岩体。姑山铁矿体主要产于辉长闪长岩侵入接触内带及其附近，呈似穹

◎ 图 5.8

◎ 图 5.6
霍邱周集铁矿勘探
（安徽省地质矿产勘查局313地
质队 供图）

◎ 图 5.7
庐江泥河铁矿勘探现场
（吴维平 供图）

◎ 图 5.8
马鞍山姑山铁矿采坑
（马鞍山市自然资源和规划局
供图）

◎ 图 5.9

5.1.6 铜陵冬瓜山铜矿

冬瓜山铜矿位于铜陵市狮子山区，地处扬子陆块北缘长江中下游铁铜成矿带铜陵矿集区内。矿床内多数矿体分别产于石英二长闪长岩体与石炭系、二叠系、三叠系灰岩的接触带上以及泥盆系与石炭系地层层间滑脱构造带内，矿体的形态和产状受接触带构造、岩石性质和层间剥离裂隙－断裂等因素控制，可分为似层状矿体及不规则囊状或柱状、脉状矿体。矿石的主要成分为黄铜矿、磁铁矿、黄铁矿等。累计查明铜资源储量 174.5 万吨，共伴生有金、银、硫、钼等，矿床规模为大型铜矿。其成因类型为典型的层控矽卡岩型，是铜陵地区多层楼成矿模式的发源地。

窿状，其长轴方向为北东 70°，长 1100 余米，短轴宽 880 米。矿体向四周倾斜，一般北部倾斜角在 40° ～ 60°；南部近似水平。地表出露矿体标高 75 米，垂直延深 481 米，分布范围 0.745 平方千米，主要矿体厚度10 ～ 140 米，平均厚度 60.6 米。矿石矿物主要有赤铁矿、假象赤铁矿、半假象赤铁矿、磁铁矿等。矿体围岩蚀变有高岭土化、碳酸盐化、绢云母化、绿泥石化、青盘岩化、硅化、角页岩化。姑山铁矿是火山－次火山岩的热液充填交代的陆相火山岩型大型铁矿床，是中国玢岩型铁矿床的重要代表之一。

姑山矿区是个有着百年开采历史的老矿山，采矿始于 1912 年，从一个手工开采的小矿山升级成为采掘、运输、选矿及生活福利设施配套齐全的现代化矿山，为马鞍山钢铁制造业的发展做出了贡献。

◎ 图 5.10

◎ 图 5.11

5.1.7　金寨沙坪沟钼矿

沙坪沟钼矿床位于六安市金寨县关帝庙乡，地处大别山北淮阳成矿带内。矿体赋存于花岗斑岩体和石英正长岩体内。全矿床共圈定钼矿体 142 个，由一个主矿体和 141 个零星的小矿体组成。矿体东西长 1000 米，南北宽最大 900 米，最小 200 米，平均 685 米。矿体厚度最大 945.15 米，最小 143 米，平均 738.91 米。矿石主要有辉钼矿、黄铁矿等，围岩蚀变分带较明显，矿床成因类型为斑岩型，成矿时代为早白垩世，距今约 1.1 亿年。（张红　等，2011）

沙坪沟钼矿床累计查明资源储量钼金属量 245.94 万吨，平均品位 0.14%；伴生硫元素量 10542 千吨，平均品位 2.16%。

沙坪沟钼矿床规模巨大、品位高、易采易选，是国内外罕见的超大型优质钼矿床，目前是世界第二大钼矿床，单矿体为世界第 1 位，也是亚洲第一大钼矿床。沙坪沟钼矿的发现，改写了中国"大别山东段无大矿"的历史，进一步印证了秦岭 – 大别造山带是中国最重要的金、钼多金属成矿带。

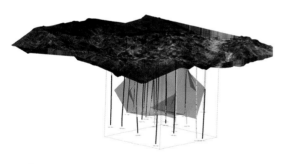

◎ 图 5.12

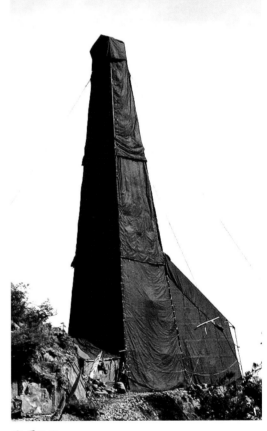

◎ 图 5.13

◎ 图 5.9
致密浸染状磁铁矿标本

◎ 图 5.10
铜陵冬瓜山铜矿厂区远景

◎ 图 5.11
黄铜矿标本

◎ 图 5.12
金寨沙坪沟钼矿三维图
（安徽省地质矿产勘查局 313 地质队　供图）

◎ 图 5.13
金寨沙坪沟钼矿勘察现场
（安徽省地质矿产勘查局 313 地质队　供图）

5.1.8　祁门东源钨矿

东源钨矿床位于黄山市祁门县古溪乡东源村。地处扬子陆块东南部。钨矿体呈透镜状、似层状和不规则条带状，产于东源花岗闪长斑岩体的黄铁绢英岩蚀变带中。矿石矿物主要有白钨矿、辉钼矿、黄铁矿等，矿石呈细网脉、稀疏浸染状，矿床类型为斑岩型钨矿床，成矿时代为燕山期。

矿床共圈定钨矿体 20 个，主矿体 3 个，次要矿体 6 个，零星矿体 11 个；圈定钼矿体 183 个，主矿体 3 个。矿床累计查明资源储量：三氧化钨 161592 吨，平均品位 0.16%；共生钼金属量 18932 吨，平均品位 0.08%。东源钨矿床的发现，突破了皖南无大型金属矿床的历史。

◎ 图 5.14

◎ 图 5.15

◎ 图 5.14
祁门东源钨矿平行网脉状构造白钨矿石
（安徽省地质矿产勘查局 332 地质队 供图）

◎ 图 5.15
祁门东源钨矿勘查现场
（安徽省地质矿产勘查局 332 地质队 供图）

◎ 图 5.16
凤阳大庙石英岩矿
（凤阳县自然资源和规划局 供图）

◎ 图 5.17
栏杆地区辉绿岩中选获的金刚石
（放大 25 倍）
（万才宇 等，2021）

◎ 图 5.16

5.1.9 凤阳石英岩矿

石英岩矿主要集中分布在滁州市凤阳县南部山区，东西绵延 40 千米，面积 120 平方千米。大地构造位置处在华北陆块南缘。沉积变质型石英岩矿主要赋存在中元古代凤阳群白云山组石英岩中，厚度 10 ~ 70 米，SiO_2 含量 97.36% ~ 98.84%。石英岩矿床浅，易开采，为露天开采。凤阳是华东地区石英砂生产基地，石英岩矿产资源丰富，远景储量 100 亿吨以上，凤阳石英砂年产量达 600 万吨以上。凤阳的石英砂易采易选，无论储量、品位和潜在经济利用价值均位居全国之首，是我国著名的优质石英砂原料和日用玻璃产业基地。

5.1.10 宿州栏杆老寨山金刚石矿

老寨山金刚石矿位于宿州市栏杆镇，地处华北陆块东南缘，距郯庐断裂带西侧约 80 千米。金刚石矿体赋存于中细粒辉绿岩中，其中含有晶粒粗大易风化的辉绿岩捕掳体，而金刚石则产于粗粒辉绿岩捕房体中，斜锆石 SIMS Pb – Pb 定年结果表明辉绿岩形成年龄为距今 9.14 亿 ~ 9.12 亿年，老寨山金刚石选矿大样中共选获金刚石超过 3000 颗，以黄绿色 – 浅黄色颗粒状为主，由自形立方体与曲面菱形十二面体、立方体与八面体之聚型组成，晶面发育良好，少量为碎块状，晶体透明、洁净，金刚光泽。粒径 0.2 ~ 0.5 毫米，达到工业利用粒级，品位 3.425 毫克/立方米。栏杆地区老寨山金刚石容矿岩石为辉绿岩，这在我国尚属首例，其成因可能为捕获成因。（朱仁智 等，2018）

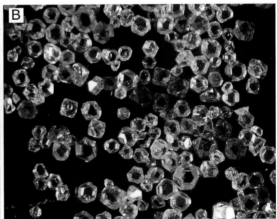

◎ 图 5.17

5.2 典型矿物岩石产地

5.2.1 潜山新店含金刚石榴辉岩

新店含金刚石榴辉岩位于安庆市潜山市水吼镇，地处大别山超高压变质带内。榴辉岩呈结核状、布丁状，产于古元古代大别山岩群大理岩中，榴辉岩主要由石榴石、绿辉石和石英组成。1991年安徽省地质科学研究所徐树桐教授在榴辉岩中发现了金刚石，金刚石以良好的自形晶出现在石榴石中。（徐树桐 等，1991）微粒金刚石包体的发现，表明其形成压力约4.0吉帕，并暗示了上地壳物质被迅速带到地下110千米或更深处，经受超高压变质作用，随后又很快折返出露地表，这是一个人们从未意识到的地质过程，立即轰动了固体地球科学界，并在地球科学领域带来了一系列重大突破，使大别山成为世界最著名的造山带。

◎ 图 5.18

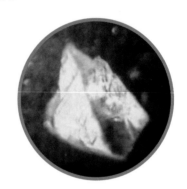

◎ 图 5.19

◎ 图 5.20

◎ 图 5.21

5.2.2 潜山韩长冲含柯石英榴辉岩

韩长冲含柯石英榴辉岩位于安庆市潜山市黄铺镇韩长冲，地处大别山超高压变质带内。该处出露一套大别山超高压变质岩石组合，其中以大理岩中含柯石英榴辉岩最为典型。榴辉岩呈数厘米至数十厘米大小不等的透镜体、布丁状，产于白色的大理岩中，构造出一幅山水画面。石榴石、绿辉石中含有柯石英包体，柯石英包体的发现，表明其形成压力大于2.5吉帕，暗示榴辉岩来自地下80千米左右的地幔深处，形成于距今2.3亿年的早三叠世扬子陆块与华北陆块的碰撞，见证了"入地回天"的神奇之旅。

5.2.3 潜山新建硬玉石英岩

新建硬玉石英岩位于潜山市五庙乡,地处大别山超高压变质带内。硬玉石英岩多为淡灰色或青灰色,中粒变晶结构,片麻状构造,其组成矿物为硬玉、柯石英/石英、石榴石、金红石及少量多硅白云母等。石榴石及硬玉中都有柯石英或其假象。硬玉石英岩的原岩为富钠的杂砂岩,这进一步表明大陆地壳能俯冲到100千米左右的深度。(徐树桐 等,1999)

在20世纪90年代,徐树桐、瞿明国等分别报道了大别山的硬玉石英岩。大别山硬玉石英岩与大理岩、榴辉岩紧密共生,断续分布在东起潜山市侯冲、苗竹园、韩长冲、新建及岳西县菖蒲、女儿街(吴维平 等,1998),长达40余千米,被认为是全球规模最大的硬玉石英岩带。

5.2.4 岳西碧溪岭榴辉岩、石榴橄榄岩

碧溪岭榴辉岩位于安庆市岳西县菖蒲镇,地处大别山超高压变质带内。榴辉岩体平面形态呈不规则的似椭圆状,长轴方向北东30°,最长约1000米,宽约700米,面积达0.7平方千米,为全球地表出露面积最大的榴辉岩体。榴辉岩主要由石榴石、绿辉石及金红石组成,其他矿物有斜方辉

◎ 图 5.22

◎ 图 5.23

石、蓝晶石、黝帘石、多硅白云母和石英/柯石英,岩石常由于石榴石和绿辉石的分别集中形成粉红色及浅绿色相间的条带

◎ 图 5.23
岳西碧溪岭石榴橄榄岩露头
(吴维平 摄)

◎ 图 5.22
潜山新建硬玉石英岩露头
(吴维平 摄)

◎ 图 5.21
潜山新建硬玉石英岩露头
(吴维平 摄)

◎ 图 5.20
潜山韩长冲榴辉岩中的柯石英
(显微照片)
(吴维平 供图)

◎ 图 5.19
潜山新店榴辉岩中微粒金刚石
(显微照片)
(吴维平 供图)

◎ 图 5.18
潜山新店含金刚石榴辉岩产地
(吴维平 摄)

状构造。1987年我国地质学家许志琴在此发现了柯石英的踪迹，随后王小明等（Wang, et al., 1989）和Okay（1989）等几乎同时在大别山发现了柯石英。柯石英的发现在全球范围内是第3例，在中国是首例。大别山含柯石英榴辉岩的发现，掀起了国际地学界对我国大别碰撞造山带认识和研究的热潮。

　　碧溪岭榴辉岩中发育有脉状石榴橄榄岩，石榴橄榄岩主要是由橄榄石、斜方辉石和石榴石等组成。1998年我国地质学家金振民等（1998）在大别山碧溪岭石榴橄榄岩中发现来自地幔转换带上部（地下300千米以下）针状含钛铬磁铁矿，暗示了陆壳可以俯冲到大于300千米的地幔深度。

◎ 图 5.24

◎ 图 5.25

5.2.5 霍山龚家岭红刚玉

　　龚家岭红刚玉矿位于六安市霍山县磨子潭镇。地处北大别杂岩带，与铙钹寨基性-超基性岩带有密切的关系。安徽省地质矿产局 313 地质队于 1969—1972 年在大别山地区开展铬铁矿普查时发现了霍山龚家岭的红刚玉矿。红刚玉产在大别岩群的黑云二长片麻岩透镜体中，红刚玉晶体因含色素离子 Cr、Ti、Fe、Cr 而呈红色、淡紫色，玻璃光泽，半透明至微透明；其硬度为 8.98，比重为 3.90 克 / 立方厘米，性脆，表面有杂质，内部裂纹比较发育；晶体呈六方柱状，少数呈桶状，为三方晶系，常见有聚片双晶。与红刚玉伴生的还有蓝刚玉。蓝刚玉因含色素离子 Ti、Fe 而呈淡蓝、蓝色，半透明；晶体呈六方柱状。龚家岭红刚玉经原地质矿产部宝石研究室鉴定确认为红宝石，可磨制成圆顶形首饰宝石。

◎ 图 5.26

◎ 图 5.27

5.2.6 大别山石英质玉

　　大别山石英质玉产于安徽大别山区金寨、霍山、舒城、桐城、潜山等地，大地构造位置处于大别造山带东段。石英质玉石是以二氧化硅（SiO_2）为主要成分的隐晶质至显晶质矿物集合体，可含少量绢云母、绿泥石、萤石、黄铁矿及其他黏土矿物等。大多数石英质玉呈橙黄-黄色调、褐黄色调、无色-白（灰白）-浅黄色调，油脂-玻璃光泽，半透明-微透明；其密度为 2.55 ～ 2.71克 / 立方厘米，摩氏硬度为 7；具有块状构造、角砾状

◎ 图 5.28

◎ 图 5.28
大别山玉摆件

◎ 图 5.27
霍山龚家岭红刚玉标本
（吴维平 摄）

◎ 图 5.26
霍山龚家岭蓝刚玉露头
（吴维平 摄）

◎ 图 5.25
岳西碧溪岭榴辉岩露头及其标本
（吴维平 摄）

◎ 图 5.24
岳西碧溪岭榴辉岩产地
（吴维平 摄）

构造、条带条纹状构造、壳状构造等构造。原生的石英质玉称山料，经流水搬运至河床中沉积者称为籽料。大别山石英质玉颜色丰富，质地细腻，温润柔和，玉质坚韧，不易破碎，硬度适中，抛光性好，深受广大玉石爱好者的青睐。

◎ 图 5.29

5.2.7　黄山石英质玉

黄山石英质玉因围绕黄山周边分布而得名。黄山石英质玉地处扬子陆块皖南岩浆岩带黄山复式岩体中，主要呈脉状群分布在岩体的断裂构造带内，其中汤岭关－汤口断裂和松谷庵－芙蓉岭断裂最为发育。玉石的籽料则分布在黄山周边浦溪河、麻川河、逍遥溪等河床的河漫滩及洪积扇沉积物的底部和下部，呈大小不等的长椭球状、不规则状，有一定的磨圆度，形态各异。产于芙蓉谷的玉石呈黄红色，质地细腻，主要岩性为玉髓岩，玉髓（0.005～0.1毫米）占98%，还含有少量绢云母和铁质等；为隐晶质结构，块状构造、角砾状构造、条带、条纹状构造、壳状构造，细腻，其密度为2.55～2.71克/立方厘米，摩氏硬度为7，这种玉石是黄山石英质玉中的佳品。

黄山石英质玉色彩丰富，质地似玉，温润而尖，天生丽质，流光溢彩，将黄山石英质玉原石摆设家中，供于厅堂、书房几案之上，予以观赏，美不胜言。

◎ 图 5.30

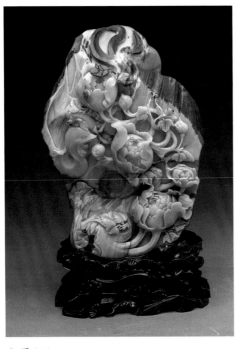

◎ 图 5.31

◎ 图 5.29 金寨沙河大别山玉

◎ 图 5.30 黄山芙蓉谷石英质玉石脉露头

◎ 图 5.31 黄山玉摆件

◎ 图 5.32 九华玉摆件（吴维平 摄）

◎ 图 5.33 岳西店前河菜花玉标本（吴维平 摄）

◎ 图 5.34 菜花玉摆件（吴维平 摄）

◎ 图 5.35 鸡血石（产地浙江昌化）

5.2.8　九华玉

九华玉因产于青阳－九华山复式岩体与周边碳酸盐岩的接触带中而得名，九华玉产地地处扬子陆块江南前陆褶冲带。九华玉主要成分为细粒方解石大理岩和白云石大理岩。目前已发现10多处矿点，其中南阳湾一带和郭家岭－半山岭一带方解石大理岩质地优良，已成为国内方解石矿的重要产地，也是九华玉主要产出地区。

九华玉矿体颜色有白色、黄绿色和浅蓝色3种，其中以白色大理岩为主，主要矿物成分为方解石、白云石，白色饱和度高，净度高，储量丰富，颗粒细者可以作为玉石雕件、摆件的原料。

◎ 图 5.32

5.2.9　岳西店前河菜花玉

菜花玉主要分布在六安市岳西县店前河馒头尖一带，地处大别山超高压变质带中。菜花玉系指可以做工艺美术雕石及建材原料的蛇纹石化大理岩，矿物成分主要是方解石、白云石和蛇纹石。店前河菜花玉矿体以透镜体的形式产出，矿体围岩为钙硅酸盐岩。菜花玉品质的好坏随蛇纹石化强弱而异。蛇纹石化强、蚀变均匀、矿物颗粒细、矿物之间硬度差异小、色彩鲜艳而匀称，其品质就好；反之则差。

◎ 图 5.33

店前河菜花玉呈鲜艳的黄绿色、浅黄绿色、深果绿色，并带有美丽的菜花图案，质地细腻嫩滑，油脂－玻璃光泽，色泽艳丽柔和，水头中等，硬度适中，可作为各种雕件、摆件、工艺美术品的原料，具一定的经济价值和社会效益。

◎ 图 5.34

5.2.10　绩溪荆州鸡血石

荆州鸡血石产地位于皖浙交界的宣城市绩溪县荆州乡灰石岭、宝石洞等地，与浙江临安市昌化镇玉岩山相连，地处扬子陆块中生代清凉峰火山岩盆地内。赋矿围岩是下白垩统黄尖组底部流纹质蚀变晶屑

◎ 图 5.35

玻屑凝灰岩，鸡血石矿体呈似层状、透镜状、脉状或不规则小团块状，单个矿体长几厘米至数米，矿体与围岩呈渐变过渡关系，属火山热液型矿床。鸡血石主要由高岭石、地开石组成，含有少量辰砂、明矾石、叶腊石、石英、绢云母、黄铁矿及自然汞等。辰砂是"鸡血"的主要成分，呈鲜红、大红、紫红、淡红等；高岭石、地开石是质地的主要成分，呈白、黄、红、青、褐等色和半透明、微透明、不透明等状态。其摩氏硬度为 2～3，比重为 2.66～2.9 克 / 立方厘米。鸡血石按色泽、透明度、光泽度和硬度，可分为冻地、软地、刚地、硬地四大类百余个品种，是优质的雕刻石。

5.2.11 马鞍山笔架山绿松石

笔架山绿松石矿位于马鞍山市东部，地处扬子陆块前陆褶冲带内。绿松石矿体在笔架山次火山岩体内的北东东向、北西向断裂破碎带及其侧旁节理裂隙带中，垂向延伸受到节理裂隙带和氧化淋滤带控制，属风化淋滤裂隙充填型矿床。矿石矿物主要为绿松石，属铜、铝的含水磷酸盐矿物，有少量铁绿松石；呈蓝绿、浅蓝色为多，部分呈黄绿色，少量呈天蓝色、蔚蓝色，其硬度一般在 4～5.3。矿石结构以隐晶质结构、胶状结构为主，矿石构造主要有脉状构造、结核状构造、块状构造、薄膜状构造，少量呈星散、浸染状构造。马鞍山现已发现笔架山、龙王山、大王山、小南山等一批规模不等的绿松石矿产地 4 处，查明资源储量 1435 吨，保有资源储量 777 吨，马鞍山已成为中国著名的绿松石产地之一。

◎ 图 5.36

◎ 图 5.37

◎ 图 5.38

◎ 图 5.39

5.2.12 灵璧石

  灵璧石是指产于宿州市灵璧县一带的碳酸盐岩类观赏石，灵璧地处华北陆块南缘，灵璧石是由于地表水、地下水与二氧化碳相溶后形成的碳酸性水，对碳酸盐岩地层的溶解，在岩石表面形成错综复杂的纵横沟壑及相互沟通的横竖孔洞。灵璧石岩石类型多样，有微晶灰岩、臼齿构造灰岩、叠层石灰岩、白云质灰岩、泥质灰岩、硅质灰岩等，形成时代为新元古代。灵璧石作为我国"四大名石"之首，集"皱、瘦、漏、透"于一体，具有音韵美、形态美、质地美、色彩美、纹理美和意境美等特点。大者能蕴万物之象，适宜园林、庭院陈列；小者尽藏千岩之秀，置于厅堂、斗室把玩，属观赏佳品。

  灵璧石品种繁多，各具特色，均以灰岩为主，因杂质含量多寡而有差异，已知达 400 余种。灵璧石主要有造型石类、图纹石、化石和特种石类。造型石类灵璧石

◎ 图 5.36
马鞍山笔架山绿松石矿采场
（吴维平 摄）

◎ 图 5.37
绿松石标本

◎ 图 5.38
绿松石饰品

◎ 图 5.39
磬云山灵璧石产地
（马广全 摄）

◎ 图 5.40

有黑灵璧石、白灵璧石，以黑灵璧石为主，白灵璧石罕见。图纹石类主要为纹石，数量较少。化石类主要为红皖螺和灰皖螺，为叠层石的一种。特种石类主要是指磬石和珍珠石，磬石是指敲击能发出悦耳声音的黑色薄层灰岩。在新石器时代晚期，磬已在使用；商代、西周至战国时期是使用磬的繁盛时期，其作为贵族乐队的必备乐器，是身份的象征。

5.2.13　歙县大谷运砚石用板岩

砚石用板岩矿位于黄山市歙县溪头镇大谷运，是歙砚板岩矿的主要产地之一。歙砚原料为新元古界溪口群牛屋岩组黑灰色含粉砂绢云板岩，岩石颗粒小且均匀，石质细腻，手感如婴肤。砚石密度为 2.66 ~ 2.75 克 / 立方厘米，摩氏硬度为 3 ~ 4，矿物颗粒直径 < 0.05 毫米，吸水率为 0.15%。已探明资源储量为 66.71 万立方米。歙县大谷运产出的板岩矿石经雕刻后，砚台坚实细腻、温润如玉、易发墨、易洗涤、不损笔锋、不吸水、寒冬储水不冻、盛夏储水不腐。南唐后主李煜说"歙砚甲天下"；苏东坡评其"涩不留笔，滑不拒墨，瓜肤而縠理，金声而玉德"。

◎ 图 5.41

◎ 图 5.42

5.3 矿业遗址

作为矿产资源大省，安徽矿产开采历史悠久，留下许多矿业遗迹景观。这些丰富的矿业遗迹体现了矿业发展的历史内涵，具备研究价值和科普教育功能，形成了可供人们游览观赏、科学考察的特定空间地域，如两淮煤田采矿塌陷区、铜陵古铜矿采矿遗址等。

5.3.1 淮北煤矿采矿遗址

经过 60 多年的煤炭开采，在广阔的淮北平原上形成了近百个由采煤塌陷而形成的大小深浅不一的湖面。近年来，通过矿区环境整治与建设，环境已得到恢复，其中已关闭的烈山煤矿和杨庄煤矿采煤塌陷区，被打造成南湖矿山环境治理示范区，成为煤矿塌陷区环境治理生态示范工程，2005 年被建设部授予"国家湿地公园"称号，同年被国土资源部批准为国家矿山公园。园区内建设有矿山公园博物馆、生态恢复治理展示长廊、煤矿文化广场等，这些措施也有效地保护了淮北矿业遗迹。

◎ 图 5.43

◎ 图 5.40
灵璧石

◎ 图 5.41
歙砚

◎ 图 5.42
歙县大谷运砚石用板岩矿产地
（安徽省地质矿产勘查局 332 地质队 供图）

◎ 图 5.43
淮北国家矿山公园主碑
（俞凤翔 摄）

5.3.2　淮南大通煤矿采矿遗址

　　大通煤矿位于淮南市大通区，东西走向 3.8 千米，南北 1.1 千米，面积 4.18 平方千米，累计出煤 2746.5 万吨，赋存煤层为石炭系太原组及二叠系山西组、下石盒子组、上石盒子组，最大开采深度 670 米，累计采厚 25.8 米。大通煤矿是淮南煤矿的发源地，早在明万历年间就有煤炭开采的记载，留下了井口、井架、煤矸石堆等矿业活动遗址。1903 年正式建成投产，于 1982 年报废，成为煤矿资源枯竭区，煤矿采空沉陷自 20 世纪 50 年代就已产生并初具规模。（陈永春 等，2016）

　　2010 年，大通煤矿采矿遗址获国土资源部正式批准成为国家级矿山公园，分为矿业遗迹保护区、爱国主义教育区、生态修复区和煤矿博物馆四大区。公园将通过恢复植被，限期关停改造规划区内及周边小煤窑、采石场等，改善矿山生态环境。

◎ 图 5.44

◎ 图 5.44
淮南大通采煤塌陷湖
（俞凤翔 摄）

◎ 图 5.45
长广煤田最后一口矿井遗址

◎ 图 5.46
长广煤田牛头山火车站遗址

5.3.3 广德长广煤矿矿业遗址

长广煤矿地处安徽省广德市和浙江省长兴市交界处，包括浙江省长兴煤矿和安徽省广德煤矿。煤矿主要含煤地层为上二叠统龙潭组，含煤四层，属腐植煤，含煤区面积112平方千米，煤层探明储量1.38亿吨。浙江省煤炭资源甚为贫乏，属南方严重缺煤省份，新中国成立后为破解社会经济发展能源瓶颈，20世纪50年代，经

◎ 图 5.45

国务院协调，将安徽省广德大小牛头山和查扉村煤田划归浙江省开采，至2013年8月长广煤矿最后一个矿井（七矿）关停，开采历史长达60年左右。广德矿区是长广煤矿公司的总部及生产、生活中心，长广煤矿12对矿井中有8对在广德矿区。

皖浙合作发展60年间，围绕煤炭资源的开采、生产、运输发展主线，在广德牛头山及周边地区留下了丰厚的历史文化财富，创新了省际协作发展模式，形成了"地面安徽管，地下浙江挖"的煤炭资源开发利用方式，并形成了富有时代特色的工矿城镇，相应配套的煤仓、铁路、医院、学校和影剧院等生产生活设施保留至今。2019年11月，牛头山矿区正式移交广德市。目前，广德牛头山地区已成为省际交汇区域绿色创新发展示范区。

◎ 图 5.46

5.3.4　铜陵铜官山矿采矿遗址

　　铜官山采矿遗址位于铜陵市建成区南侧，中心位于铜官山山顶，山顶标高493.1米。铜官山矿的发现年代久远，开发利用历史悠久，铜的采冶始于商周，盛于唐宋，绵延3000余年而未曾中断，这在长江流域目前已知的古铜矿遗址中非常少见，是中国3000年来采冶铜矿资源史的缩影和中国青铜文化发祥地之一。

　　铜官山矿留有唐代以前的铜采冶遗迹，加上近代采铜过程中留下来的一些废旧设施，还有已经淘汰的矿山采掘、通风、运输设备等。铜官山铜（铁）矿是长江中下游接触交代式矽卡岩型铜（铁）矿床的典型代表，是中外地质、采矿界专家学者研究关注的重点矿区，其地质找矿研究成果、采矿方案和生产工艺被地矿类、冶金类等院校列入教学内容。2010年，铜官山被国土资源部评定为国家矿山公园。

◎ 图 5.47

◎ 图 5.48

◎ 图 5.49

5.3.5　铜陵金牛洞古铜矿遗址

　　金牛洞古铜矿遗址位于铜陵市新桥镇凤凰村境内，距铜陵市区约34千米。金牛洞海拔84.3米，原为一小山丘，因西部山腰有一古洞而得名。在金牛洞遗址上最初的采矿活动应是露天开采，再沿着矿脉凿开继续深掘，现清理出的竖井、平巷、斜井都是木支撑结构。矿井中除发现铜凿、铁斧、铁锄、竹筐、木桶等一批采掘工具外，还发现了大量木炭屑，估计当时的工匠们已掌握了"火爆法"采矿技术。金牛洞矿体属于凤凰山铜矿的一部分。金牛洞遗址仅为凤凰山古矿冶的一个采矿场，附近的药园山、虎形山和万迎山都曾发现过不少古代采矿井巷，其时代跨度从春秋至西汉，这一带还出土过铜锭和石质铸范，可见当时凤凰山古矿区是一处规模较大的综合铜冶工业区。金牛洞古采矿遗址遗存丰富，不仅是国内具有重要代表性的一处古铜矿遗址，也是古铜都铜陵矿冶历史的一个有力见证。

5.3.6 南陵大工山古铜矿采冶遗址

大工山古铜矿采矿、冶炼遗址位于芜湖市南陵县，大工山地区在地质构造上属下扬子坳陷带，地处长江中下游成矿带。中生代地质构造运动频繁，一系列岩浆侵入和喷出活动使得该地区具有良好的成矿地质条件，蕴藏有丰富的矿产资源。大工山古铜矿主要成矿年代在白垩纪，以铜、铁矿为主，此外还有煤、铅、锌、锑等矿藏。（宫希成，2002）

大工山开发历史可以上溯到西周时期，一直延续到南宋，开采时间长达 2000 年，在全国乃至世界并不多见。该处采矿井、竖井与采巷相结合，在较深地层采铜矿采用"火焖法"挖掘，即先用火烧烤矿石，后用水浇，使矿石热胀冷

◎ 图 5.50

◎ 图 5.51

缩后开裂，再用金属工具凿撬，矿石和废碴用辘轳装置逐级提升，并使用水车进行排水。矿井内出土有采矿工具、辘轳、水车、生活器具及木炭等，大量的采矿、原矿、焙烧、冶炼、铸造、烧炭、采石等矿冶生产遗迹丰富，保存较好，对研究中国冶金发展史具有十分重要的意义。

5.3.7 马鞍山凹山铁矿采矿遗址

凹山铁矿采矿遗址位于马鞍山市东南，矿坑呈椭圆形，长 1100 多米，宽 880 多米，深 254 米，是全国八大黑色冶金露天采场之一、华东第一大露天矿坑。凹山铁矿床位于宁芜火山岩盆地中部，为以铁为主且伴生钒、镓、磷、硫等的大型矿床，是玢岩型铁矿床的重要代表之一。

凹山铁矿于 1912 年发现，1917 年开始少量开采，新中国成立后就此成立了南山矿场，

◎ 图 5.51 铜陵大工山汉代采矿井遗址

◎ 图 5.50 铜陵大工山遗址文物保护碑

◎ 图 5.49 铜陵金牛洞遗址（安徽省地质调查院 供图）

◎ 图 5.48 铜陵金牛洞古采矿场碑（安徽省地质调查院 供图）

◎ 图 5.47 铜陵铜官山采矿遗址（俞凤翔 摄）

◎ 图 5.52

于 1955 年恢复了生产，2000 年后开始逐渐减产直至闭矿。凹山铁矿在带来巨大资源效益的同时也造成了巨大的环境污染与生态破坏，俯瞰整个凹山形似巨大漏斗，俨然成了一道地球"伤疤"。目前该矿坑已改造成为马钢集团洗矿水库，周边进行了覆绿，该采矿遗址完整地记录了自 1917 年开采至 2011 年闭坑的全部开采过程。

5.3.8　庐江矾山古矾矿遗址

矾山古矾矿遗址位于合肥市庐江县矾山镇大、小矾山，地处庐枞盆地成矿带，受火山活动作用。在火山复活喷发—侵入阶段，火山口边缘环状断裂裂隙构造活动频繁，富含 H_2S、H_2SO_4 的火山气液或喷射或溢流，沿层间构造与富含钾和钠的安山岩、凝灰岩等火山岩相互作用，从而形成了矾石矿床。

矾山采石炼矾历史悠久，始于唐朝中宗年间，于 2001 年 2 月停产，已逾千年，素有"中国矾业砥柱""安徽化工之母"的美誉，曾是全国两大矾矿生产基地之一。庐江矾山镇，也因矾得名，因矿成镇，庐江古矾矿于 2020 年 12 月被认定为第四批国家工业遗产。该遗址保留有大照壁生死桩、八大竖窑、叫化窿、明矾结晶池等古矿址、古洞穴、古坑道、古

◎ 图 5.52
马鞍山凹山铁矿复绿现状
（马鞍山自然资源和规划局 供图）

◎ 图 5.53
庐江古矾矿遗址

◎ 图 5.54
黄山花山谜窟
（邓红霞 摄）

炼矾作坊等矾工业文化遗存数不胜数，展示了一个集采掘、冶炼、加工于一体，别具一格的社会形态，堪称安徽乃至中国最早的工业文明历史教科书。（《矾矿春秋》编撰委员会，1990）

◎ 图 5.53

5.3.9 黄山花山谜窟古采矿遗址

花山谜窟坐落于黄山市屯溪区篁墩至歙县雄村之间的新安江两岸，是古代人工开采石料形成的采矿遗址。花山谜窟组成岩石是中侏罗系洪琴组巨厚层红色砂岩，硬度较大，目前已发现石窟 36 座，其中地下长廊位于半山腰，洞口呈虎口张开之势，洞中采出的大量石料可以通过新安江运输到徽州各地作为建材之用。根据对石窟出土的釉陶等文物进行考证断定，花山迷窟开凿于西晋年间，距今有 1700 多年的历史。

◎ 图 5.54

黄山群峰

（姚育青 摄）

花岗岩地貌

第 6 章

花岗岩地貌是指在花岗岩石体基础上，受到各种外动力影响而形成的形态特殊的地貌类型。花岗岩是一种岩浆在地表以下凝结而形成的岩浆岩，属于侵入岩，质地坚硬，不易风化，主要由石英、长石等矿物组成。在漫长的地质作用下，这些花岗岩体形成千姿百态的奇峰、怪石、洞穴等地貌形态。

花岗岩地貌在安徽分布广泛，以大别山区和皖南山区为最广，皖中、皖北零星发育。安徽花岗岩物质基础主要形成于蚌埠期、晋宁期和燕山期，其中以燕山期最为发育。

安徽花岗岩地貌不仅分布广泛，多样化程度高，而且美学观赏价值极高，尤以皖南山区的黄山、九华山、牯牛降和大别山区的天柱山、天堂寨、白马尖、万佛山花岗岩地貌等最为著名，这些地方已成为中国乃至世界最重要的旅游目的地。

◎ 图 6.1
安徽重要花岗岩地貌分布图

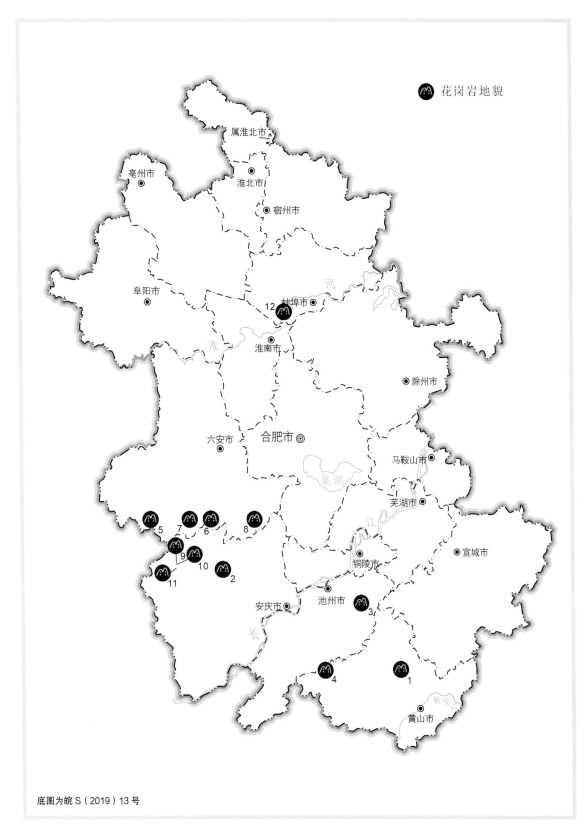

底图为皖S（2019）13号

1.黄山　2.天柱山　3.九华山　4.牯牛降　5.天堂寨　6.白马尖　7.铜锣寨　8.万佛山　9.驮尖　10.明堂山　11.司空山　12.荆山涂山

◎ 图6.1

6.1 重要花岗岩地貌

6.1.1 黄山花岗岩地貌

黄山花岗岩地貌位于黄山市境内，地跨黄山区、黟县、休宁县和徽州区；南北长约40千米，东西宽约30千米，面积约1200平方千米。黄山花岗岩地貌主要分布在黄山世界地质公园内，主峰莲花峰海拔1864米，为安徽最高峰。黄山花岗岩地貌位于扬子陆块区东南缘的江南地块，侵入于青白口纪－寒武纪地层中，主体是由中生代燕山期侵入体组成环状复式岩体，呈环状套叠式分布，由内而外包括黄山花岗岩岩体、太平花岗闪长岩体以及各类脉岩等，黄山花岗岩体形成时代为早白垩世，距今约1.25亿年；太平花岗闪长岩体形成于早白垩世，距今约1.4亿年。（薛怀民 等，2009）

黄山花岗岩地貌以峰林地貌为主，峰林以其形态丰富、类型多样和完整的组合特点而成为花岗岩地貌的典型代表，具有极高的科研科普和美学价值。黄山属于中低山地貌，平

◎ 图 6.2

◎ 图 6.2
黄山天都峰
（黄山地质公园管委会 供图）

◎ 图 6.3
黄山莲莱三岛
（黄山地质公园管委会 供图）

均海拔高度在 1424 米，有 88 座比高 1000 米以上的棱尖峰，这种高山尖峰型地貌被命名为黄山 – 三清山型花岗岩地貌（陈安泽，2007），即为绝对高度在 1500 米以上、比高在1000 米以上的花岗岩体，由寒冷风化为主形成的顶部尖锐、棱角鲜明、离立成群的山峰地貌。黄山花岗岩峰林地貌按山峰的顶部形状可分为锥状峰（莲花峰、天都峰）、脊状峰（如青鸾峰）、穹状峰、柱状峰（如蓬莱三岛）和箱状峰（如牌坊峰）。

◎ 图 6.3

莲花峰，独出黄山诸峰之上，是丞相源和逍遥溪的主分水岭，俊俏高耸呈锥状，由粗粒似斑状花岗岩组成；峰体岩石中发育两组北东向和北西向陡斜节理，沿节理产生风化，发生剥蚀、崩落，形成了突出的中央主峰，宛如开放的莲花，故名莲花峰。

天都峰，意为天上都会，海拔 1829.5 米，黄山第二高峰；由于峰体拔地摩天，险峭雄奇，是黄山群峰中最为雄伟壮观、最为奇险的山峰。天都峰由粗粒似斑状花岗岩组成，岩石硬度大，抗风化能力强，因而形成了锥形峰体及众多的陡峭悬崖。

◎ 图 6.4

◎ 图 6.5

◎ 图 6.4
黄山莲花峰
（黄山地质公园管委会
供图）

◎ 图 6.5
黄山青鸾峰
（黄山地质公园管委会
供图）

◎ 图 6.6
黄山『梦笔生花』
（黄山地质公园管委会
供图）

黄山花岗岩地貌还发育大量怪石和洞穴，现已命名怪石121处、洞室40多处。黄山怪石一般是指花岗岩因水平与垂直节理、差异分化、崩塌和流水等地质作用而形成的特殊地质景观。根据其形成因素可分为：石柱石芽型，如"梦笔生花"等；风化剥蚀型，如"猴子观海"等；崩塌型，如"仙人晒靴"等；崩塌堆积型：如"碰头石"等；滚石型，如"虎头岩"等。这些地质景观的形象惟妙惟肖，栩栩如生，构成了黄山一绝。

　　象形石"梦笔生花"，其笔体下圆上尖，高约10米，底面直径约2.5米，笔头高约1.5米，其岩性为第三次侵入岩体粗粒似斑状花岗岩，因节理剥蚀风化而形成。

◎ 图 6.6

象形石"猴子观海",似石猴北望,其高约3米,
宽约1.5米,岩性为第三次侵入岩体粗粒似斑状花
岗岩,因节理剥蚀、球状风化而形成。

◎ 图 6.7

象形石"仙人晒靴",其"靴"长1.5米,上宽2米,下宽1.2米,高2米,倒挂崖上,其岩性为第三次侵入岩体粗粒似斑状花岗岩,因节理剥蚀崩塌而形成。

◎ 图 6.8

◎ 图 6.7
黄山『猴子看海』
(姚育青 摄)

◎ 图 6.8
黄山『仙人晒靴』
(黄山地质公园管委会 供图)

黄山的花岗岩洞室，大多由于花岗岩沿节理裂隙风化侵蚀、流水侵蚀、潜蚀或为巨石崩塌堆砌而形成。主要有鳌鱼洞、卧龙洞、神仙洞等。

黄山花岗岩地貌是地球内外动力共同作用的结果，中生代侵入岩形成了花岗岩地貌物质基础，到了古近纪的喜马拉雅运动，地壳抬升，黄山断块隆起，沉积盖层剥蚀殆尽，在构造作用、岩性差异、风化剥蚀、冰冻作用及植物根系、温差作用等因素共同作用下形成了如此雄伟壮丽的黄山花岗岩地貌景观。

此外，黄山的生态系统稳定平衡，植物群落完整而垂直分布，素有"华东植物宝库""天然植物园"之称，也是动物栖息和繁衍的理想场所。黄山是世界文化与自然遗产、世界地质公园、世界生物圈保护区，是国家级风景名胜区、全国文明风景旅游区、国家 AAAAA 级旅游景区，与长江、长城、黄河同为中华壮丽山河和灿烂文化的杰出代表，被世人誉为"人间仙境""天下第一奇山"。

◎ 图 6.9

◎ 图 6.10

◎ 图 6.9
黄山鳌鱼洞
（黄山地质公园管委会 供图）

◎ 图 6.10
黄山飞来石
（姚育青 摄）

◎ 图 6.11
黄山花岗岩成因示意图

104

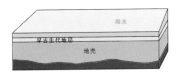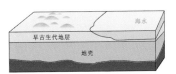

◎ 图 6.11

◎ 图 6.12

6.1.2　天柱山花岗岩地貌

　　天柱山花岗岩地貌位于安庆市潜山市，面积约 120 平方千米。天柱山为大别山山脉东延的一个组成部分，天柱山花岗岩地貌主要分布在天柱山世界地质公园内，主峰天柱峰海拔为 1489.8 米。

　　天柱山位于大别山超高压变质带东段与郯庐断裂带的交汇部位。天柱山花岗岩体是在大别造山带超高压变质岩剥露过程中，因后造山阶段燕山期的岩浆剧烈活动而形成的。天柱山花岗岩主要为中生代燕山期万山复式岩体和响肠复式岩体，其岩性主要为二长花岗岩和石英二长岩，二长花岗岩形成时代为早白垩世，距今约 1.27 亿年。（薛怀民 等，2011）

◎ 图 6.12
天柱山天柱峰
（天柱山地质公园管委会　供图）

◎ 图 6.13
天柱山五指峰
（天柱山地质公园管委会　供图）

◎ 图 6.14
天柱山飞虎峰
（天柱山地质公园管委会　供图）

◎ 图 6.15
天柱山覆盆峰
（天柱山地质公园管委会　供图）

◎ 图 6.16
天柱山青龙峰
（天柱山地质公园管委会　供图）

天柱山花岗岩地貌主要由花岗岩奇峰、怪石、崩塌堆叠洞穴等组成。其中海拔千米以上的奇峰 47 座，惟妙惟肖的怪石 86 处，深邃神秘的洞穴 53 处，共同构成了天柱山奇特的花岗岩地貌景观。（吴维平 等，2010）

天柱山花岗岩奇峰根据其形态的不同，可分为 4 种类型：（1）柱状峰，如天柱峰、五指峰等；（2）锥状峰，如飞虎峰、迎真峰、莲花峰等；（3）穹状峰，如覆盆峰、虎头岩等；（4）脊状峰，如蓬莱峰、青龙峰等。其中天柱峰峰体为节理发育的中粒二长花岗岩因风化而形成，主峰拔地而起，突兀众山之上，直插云霄，势如"中天一柱"，与其他奇峰一道组成气势磅礴的连绵峰峦。

天柱山花岗岩地貌怪石是指花岗岩由水平与垂直节理、差异风化、崩塌和流水等地质

◎ 图 6.13

◎ 图 6.14

◎ 图 6.15

◎ 图 6.16

作用形成的特殊形态的地质景观体。在雄伟峻峭的天柱山峰林中，怪石嶙峋，形象各异，惟妙惟肖，星罗棋布。怪石按其成因，可分为4种类型：（1）风化剥蚀型，如鼓槌石、象鼻石、鹦哥石、蜓蚰石、皖公神相等；（2）崩塌型，如天蛙石、飞来石、打鼓石、鹊桥石、"仙女晒鞋"等；（3）崩塌堆积型，如无量寿塔石、船形石等；（4）滚石型，如蘑菇石、霹雳石、仙桃石、木鱼石等。

天柱山神秘莫测的洞府构成了极具特色的花岗岩洞穴奇观，这些洞穴或因沿花岗岩节理、裂隙风化侵蚀而成，或因水流侵蚀而成，或为崩塌的岩石巨块堆叠而成。有规模庞大、结构奇特的崩塌叠石洞穴群——神秘谷，全长1000米，落差100余米，号称全国花岗岩洞穴第一秘府；有崩塌堆叠单体洞穴——束之洞等；有构造侵蚀形成的构造洞穴——左慈洞、三祖洞、石牛洞等。

◎ 图 6.18

◎ 图 6.19

◎ 图 6.17

◎ 图 6.21
天柱山束之洞
（天柱山地质公园管委会 供图）

◎ 图 6.20
天柱山崩塌叠石
（马广全 摄）

◎ 图 6.19
天柱山霹雳石
（天柱山地质公园管委会 供图）

◎ 图 6.18
天柱山"仙女晒鞋"
（天柱山地质公园管委会 供图）

◎ 图 6.17
天柱山蜓蚰石
（天柱山地质公园管委会 供图）

◎ 图 6.20　　　　　　　◎ 图 6.21

　　天柱山崩塌叠石（石棚）地貌被命名为天柱山－翠华山型花岗岩地貌（陈安泽，2007），是一种以巨大的崩塌岩块相互叠置搭连，构成以不规则的空洞（称为"石棚"或"叠石洞"）为特征的地貌景观。此种地貌景观是高山尖峰型地貌的尖峰或石柱体受强烈构造运动等因素的破坏，崩落在山谷或山麓叠积而成。黄山与天柱山都是海拔1500 米以上的高山，但两者的地貌形态却截然不同，前者崩塌巨石稀少，尖峰及成群的高大石柱众多；而后者山顶几乎没有石柱体存在，山谷山麓却充满巨大的岩块堆积物，构成多处叠石洞，说明了天柱山地区构造运动强烈。

　　天柱山花岗岩地貌的形成是由于燕山期强烈的断裂和岩浆活动，深藏于地壳下部熔融炽热的岩浆，沿着印支运动形成的褶皱和韧性剪切带，侵入到距地表数千米的地壳深处，冷凝形成花岗岩组合。燕山中晚期的郯庐断裂带形成和喜山期造山运动，导致天柱山多次间歇性抬升，覆盖在天柱山岩体上部的数千米盖层不断遭到风化剥蚀，使地下深处的天柱山岩体渐渐露出地表，形成天柱山雏形。第四纪以来，气候冷暖多变，区内新构造运动强烈，表现为山体间歇抬升。当山体抬升时，气候趋冷，山体受寒冻风化作用影响，岩体崩塌剥落；在山体抬升间歇期，气候又转暖，岩体受到融冻作用、流水与化学作用的侵蚀。在地球内外地质作用下，天柱山形成了今天山峦连绵、巍峨峻峭、巧石丛生的花岗岩地貌景观。

　　此外，天柱山自然条件优越，生态环境优良，森林覆盖率达93%，植物多样性丰富，植被以中亚热带常绿阔叶林为主。区内野生动物资源丰富，包括大鲵、白冠长尾雉、小灵猫、穿山甲、毛冠鹿、金钱豹等。天柱山因主峰如"擎天一柱"而得名，是世界地质公园、国家重点风景名胜区、国家森林公园、国家 AAAAA 级旅游景区、国家自然与文化遗产地。

6.1.3　九华山花岗岩地貌

九华山花岗岩地貌位于池州市青阳县境内，南接黄山，面积约790平方千米，主要分布于九华山世界地质公园内，主峰十王峰海拔1344.4米。九华山位于扬子陆块的东南缘，九华山花岗岩为燕山期复式岩体。其中青阳花岗闪长岩岩体形成于早白垩世，距今约1.42亿年；九华山钾长花岗岩岩体形成于早白垩世，距今约1.29亿年。（安徽省地质调查院，2014）

九华山花岗岩地貌主要有花岗岩峰林、洞室、山间盆地等。

九华山花岗岩奇峰已命名的大小山峰有71座，按其形态可分为5种类型：（1）锥状峰，如九子峰、大古峰等；（2）柱状峰，如北蜡烛峰、石笋峰等；（3）脊状峰，如十王峰、天台峰等；（4）穹状峰，如天华峰、罗汉行道峰等；（5）箱状峰，如磨盘峰等。

天台峰，位于十王峰北，西对南蜡烛峰，海拔1306米。峰顶南北狭长，有青龙背、玉屏台、一线天、大鹏听经等景。天台正顶地势高峻，耸立着九华山最高的寺庙——天台寺。

十王峰，位于九华山主脉中部，北边连天台峰，海拔1344.4米，为九华山最高峰。峰顶东西两面峭崖断壁，怪石狰狞。

九华山花岗岩怪石广布，千姿百态，栩栩如生，惟妙惟肖。这些怪石因花岗岩长期风化、沿节理剥蚀而成，按其成因可分为4种类型：（1）风化剥蚀型，如大鹏听经、观音望佛国等；（2）崩塌型，

◎ 图 6.22

◎ 图 6.24

◎ 图 6.25

◎ 图 6.22
九华山天台峰
（何清 摄）

◎ 图 6.23
九华山九子峰
（九华山地质公园管委会 供图）

◎ 图 6.24
九华山石笋峰
（九华山地质公园管委会 供图）

◎ 图 6.25
九华山罗汉行道峰
（九华山地质公园管委会 供图）

如定海神针、仙人晒靴石等；（3）崩塌堆积型，如马头石等；（4）滚石型，如大象出林石等。

九华山花岗岩洞室，或沿花岗岩节理、裂隙风化侵蚀而成，或为水流侵蚀、潜蚀而成，或为巨石崩塌巧堆妙砌而成，其成因类型、规模大小、分布地域各不相同。已命名的九华山园区内洞室共16处，按成因可分为3种类型：（1）构造洞室，如地藏古洞等；（2）构造崩塌洞室，如古佛洞等；（3）崩塌堆积洞室，如才子洞等。

九华山花岗岩山间盆地是受构造作用和岩性等因素的影响，在河流（溪）的源头发育形成的四周较高、中间相对

◎ 图 6.26

◎ 图 6.27

◎ 图 6.28

◎ 图 6.29

◎ 图 6.30

◎ 图 6.31

◎ 图 6.32

◎ 图 6.26
九华山『观音望佛国』
（九华山地质公园管委会 供图）

◎ 图 6.27
九华山『大鹏听经』
（九华山地质公园管委会 供图）

◎ 图 6.28
九华山『定海神针』
（九华山地质公园管委会 供图）

◎ 图 6.29
九华山『大象出林石』
（九华山地质公园管委会 供图）

◎ 图 6.30
九华山『仙人晒靴石』
（九华山地质公园管委会 供图）

◎ 图 6.31
九华山『马头石』
（九华山地质公园管委会 供图）

◎ 图 6.32
九华山『箱状峰』
（九华山地质公园管委会 供图）

较平且低的盆状地形。九华山盆地规模较小，在数平方千米以下，海拔高度多在800米以下，按成因可分为3种类型：（1）侵蚀盆地，如翠峰盆地等；（2）构造侵蚀盆地，如闵园盆地等；(3)差异风化侵蚀盆地，如老常住盆地等。

九华山花岗岩地貌景观，也是地球内外动力作用的结果。燕山期复式花岗岩岩体为物质基础，在新近纪喜马拉雅运动和第四纪新构造运动作用下，地壳抬升，九华山断块隆起，沉积盖层剥蚀殆尽，使花岗岩峰丛露出地表。花岗岩体内的断层和节理作用，以及后期的风化剥蚀、流水侵蚀、冰冻作用和植物根系、温差作用共同构成了九华山成景因素。

九华山气候温和，土地湿润，生态环境优美，森林覆盖率达90%以上，有1460多种植物和216种珍稀野生动物。目前九华山已建成为世界地质公园、国家重点风景名胜区、国家AAAAA级旅游景区、国家自然与文化遗产地，是中国佛教四大名山之一。

◎ 图 6.33

◎ 图 6.33
九华山闵园盆地
（九华山地质公园管委会 供）

◎ 图 6.34
牯牛降
（胡祖福 摄）

◎ 图 6.35
牯牛降瀑布

◎ 图 6.36
牯牛降
（马广全 摄）

114

6.1.4 牯牛降花岗岩地貌

牯牛降花岗岩地貌位于黄山市祁门县与池州市石台县交界处，面积约67平方千米，主峰牯牛岗海拔1727.6米。因其山形酷似一头牯牛从天而降，故名牯牛降。

牯牛降处于江南地块与下扬子地块结合带附近，牯牛降岩石主体为燕山期晚期花岗岩，包括牯牛降－大历山花岗岩岩体和城安花岗闪长岩岩体，均侵位于震旦－寒武纪地层中，花岗岩体形成时代为早期白垩纪，距今约1.30亿年。（谢建成 等，2012）

牯牛降区内千米以上已命名的高峰有29座，牯牛降主要山峰有牯牛岗、大历山和小历山。牯牛降区内花岗岩高峰南、北坡山势不同，南坡陡峻、悬崖壁立、峰险石奇、峡谷幽深，北坡山重岭覆、层峦叠嶂、溪流淙淙，形成了南坡山峰雄伟峻峭、北坡峰峦叠翠的峰林地貌。

除奇峰之外，牯牛降还有不少怪石，如"鸡冠石""飞来石""中天玉柱""天狗望月""鬼门险关"等等。这些奇峰和怪石的形成，都与花岗岩类的节理发育、岩石风化剥蚀有关。

牯牛降已建成为国家级自然保护区、国家地质公园、国家AAAA级旅游景区。

◎ 图 6.34

◎ 图 6.35

◎ 图 6.36

6.1.5　天堂寨花岗岩地貌

　　天堂寨花岗岩地貌位于六安市金寨县与湖北省交界处的大别山腹地，大地构造上地处大别造山带。天堂寨花岗岩地貌面积约80平方千米，其主峰海拔1729.13米。天堂寨花岗岩主体为距今约1.30亿年的燕山期天堂寨岩体。（王人镜　等，1998）

　　天堂寨岩体是一个呈北北东向延伸的长圆形岩体。岩体由黑云二长花岗岩和斑状黑云二长花岗岩组成，两者之间主要为过渡关系，局部地段可见后者侵入前者中。前者主要分布于岩体边缘部位，后者主要分布于岩体内部，少数呈岩脉侵入九子河岩体内。

　　天堂寨花岗岩地貌景观主要有花岗岩峰丛、象形石、岩洞、峡谷、流水淘蚀洞穴等。雄伟壮观的花岗岩群峰耸立在万山丛中，铸就了大别山的脊梁，成为长江与淮河两大水系的分水岭。

　　天堂寨已建成为国家级自然保护区、国家地质公园、国家森林公园、国家 AAAAA 级旅游景区。

◎ 图 6.37

◎ 图 6.38

◎ 图 6.39

◎ 图 6.37
天堂寨群峰
（马广全 摄）

◎ 图 6.38
天堂寨鲸鱼峰
（马广全 摄）

◎ 图 6.39
天堂寨白马峰
（马广全 摄）

◎ 图 6.40

6.1.6　白马尖花岗岩地貌

　　白马尖花岗岩地貌位于六安市霍山县与岳西县交界处，面积约 10.5 平方千米，地处大别造山带腹地。主峰白马尖海拔 1774 米，为大别山最高峰，因其形似白马而得名。

　　白马尖花岗岩主体为燕山期花岗岩，分 3 个序次：第一序次为花岗闪长岩，第二序次为细粒二长花岗岩，第三序次为中细粒二长花岗岩。受构造和岩浆岩自身冷却等因素作用的影响，白马尖花岗岩体节理、裂隙十分发育，构建了雄奇壮观的花岗岩峰丛和千姿百态的怪石。

　　白马尖已建成为国家地质公园、国家 AAAA 级旅游景区。

6.1.7 铜锣寨花岗岩地貌

铜锣寨花岗岩地貌位于六安市霍山县漫水河乡，出露面积约20平方千米，地处大别造山带的根部地带，区内最高峰白羊尖海拔1090米。

铜锣寨花岗岩主体为燕山期花岗岩，在差异风化剥蚀、断裂及气候等多种因素影响下，形成风景秀丽的花岗岩景观，尤以铜锣寨怪石最为出名，仪态万千，多姿多彩。其中铜锣寨南天门，净空高3.2米，宽1.4米，由多组花岗岩岩体节理形成，自然堆叠，由上往下显示出一个简体的"门"字。

铜锣寨已建成为国家地质公园、国家AAAA级旅游景区。

◎ 图 6.41

◎ 图 6.40
白马尖
（孙仲 摄）

◎ 图 6.41
铜锣寨南天门
（安徽省地质调查院 供图）

◎ 图 6.42

6.1.8　万佛山花岗岩地貌

万佛山花岗岩地貌位于六安市舒城县晓天镇，面积约 20 平方千米，主峰老佛顶海拔 1539 米，位于华北陆块和扬子陆块之间的大别造山带。燕山期侵入岩浆在地壳深处冷却形成了花岗岩体，距今约 6600 万年，万佛山开始强烈上升，覆盖在花岗岩之上的岩石被风化剥蚀，花岗岩逐渐出露地表。岩体内岩石节理、裂隙发育，在漫长的风化剥蚀及重力作用下，形成奇峰、怪石及峡谷地貌景观。

万佛山已建成为国家级自然保护区、国家地质公园、国家森林公园、国家 AAAA 级旅游景区。

◎ 图 6.43

6.1.9　驮尖花岗岩地貌

驮尖花岗岩地貌位于安庆市岳西县，为大别山主峰核心区，面积约 30 平方千米，主峰海拔 1751 米，是大别山第三高峰和皖河的发源地。驮尖花岗岩组成岩性为燕山期中细粒二长花岗岩。驮尖花岗岩奇峰耸立，险峻无比；山间花岗岩怪石嶙峋，神态各异；奇松、怪石、险峰、绝壁自然搭配，层峦叠嶂，壮丽多姿。

驮尖主峰为一脊状峰，山峰雄伟，气象万千。在脊状峰上有许多巨石堆积，像"骆驼石""象鼻石""栗子石""腰磨石"等。在山顶旁，矗立着一块高高的花岗岩岩石，像仙人下凡，人称"仙人指路石"。象形石"雄鹰展翅"位于驮尖的半山腰，因酷似雄鹰、两侧羽翅收拢而得名。

在驮尖的支峰仰天锅脊状峰中，有一块直径约 4.5 米、高约 7 米的圆柱形花岗岩，人称"腰磨石"，也叫"圆盘石"。在圆盘石上，有两块大小相近且对称的巨石，形状酷似板栗，名"仙栗石"。

◎ 图 6.44

◎ 图 6.45

◎ 图 6.46

◎ 图 6.42
万佛山（一）
（马载勤　摄）

◎ 图 6.43
万佛山（二）
（马广全　摄）

◎ 图 6.44
驮尖花岗岩脊状峰
（安徽省地质调查院　供图）

◎ 图 6.45
驮尖"仙人指路"
（安徽省地质调查院　供图）

◎ 图 6.46
驮尖仙栗石
（安徽省地质调查院　供图）

6.1.10 明堂山花岗岩地貌

明堂山花岗岩地貌位于六安市岳西县境内的大别造山带腹地，主峰天子峰海拔1563米，山体由燕山期二长花岗岩组成。明堂山花岗岩地貌具有"雄、奇、险"的特点，有锥状峰、脊状峰、穹状峰等。

◎ 图 6.47

◎ 图 6.48

明堂山的金钻锋海拔 1350.5 米，位于明堂山主峰左侧大别山区最险的地方，在群山之中拔地而起，似一巨人傲然耸立，一柱擎天，其松、石、崖浑然一体，构成一道美丽的风景。相传 2100 多年前，汉武帝刘彻封禅古南岳天柱山时，设祭拜之"明堂"，山因此而得名。明堂山气势雄伟，常年云雾飘渺，景色迷人，有诗赞道："明堂如指五支峰，半在人间半在空。"明堂山已建成为国家 AAAA 级旅游景区。

6.1.11　司空山花岗岩地貌

司空山花岗岩地貌位于安庆市岳西县城西南 70 千米处冶溪镇、店前镇两镇境内，最高峰海拔 1227 米，面积约 35 平方千米。司空山花岗岩体岩性为细粒二长花岗岩，花岗岩地貌陡峻险峭，岩石节理发育。司空山主峰一柱冲天，崖壁如刀切斧削，崖壁上有一赤红色心形凹陷，被称为"赤壁丹砂"。象形石有"鲤鱼亲嘴""双羊听经""鳄鱼石""仙人桥"等。相传战国时期有位淳于氏，官居司空，一生为官清正，后隐居此山，故命名此山为司空山，现已建成为国家 AAA 级旅游景区。

◎ 图 6.49

◎ 图 6.47
明堂大峡谷
（俞凤翔　摄）

◎ 图 6.48
明堂山
（吴岳生　摄）

◎ 图 6.49
司空山
（刘劲松　摄）

6.1.12 荆山－涂山花岗岩地貌

荆山－涂山花岗岩地貌分别位于蚌埠市怀远县和禹会区，夹淮对峙。荆山－涂山花岗岩地貌，大地构造位置处于华北陆块南缘蚌埠隆起区，区内花岗质岩石出露广泛，其中规模较大者有荆山、涂山、蚂蚁山等岩体，东西向分布的荆山－涂山岩体出露面积约 17 平方千米，海拔最高 338.7 米，是蚌埠隆起区内规模最大的花岗岩体。岩性为略具片麻状的黑云母二长花岗岩，形成于中侏罗世，距今约 1.65 亿年。（李印 等，2010）

涂山、荆山具有"雄、奇、险、秀、幽、旷"六大特色，明大学士宋濂游涂、荆两山时赞誉："临濠古迹，惟涂、荆二山最著。"相传 4000 多年前，大禹借助与涂山氏女的联姻，在此劈山导淮、召会诸侯，娶妻生子，留下了荆山峡、禹王宫、禹墟、上下洪等众多人文遗迹。荆山－涂山现已建成为国家 AAAA 级旅游景区。

◎ 图 6.50

◎ 图 6.51

6.2 花岗岩地貌对比

安徽作为花岗岩地貌大省，拥有黄山、天柱山、九华山等3座以花岗岩地貌景观为主要景点的世界地质公园，在中国乃至世界都极为罕见。此外还拥有祁门牯牛降、金寨天堂寨、舒城万佛山、霍山白马尖、六安铜锣寨等5处国家地质公园，以及绩溪百丈岩、蚌埠荆山-涂山和岳西妙道山、明堂山等4处国家AAAA级旅游景区。安徽的花岗岩分布广泛，形成的花岗岩地貌景观较多，但是其景观特点、地理分布、规模大小、形成原因等方面各有差异，主要有以下几方面。

1. 大地构造位置

安徽花岗岩地貌的景观特征与其所处位置的大地构造背景息息相关。安徽北部地区的花岗岩地貌景观，比如蚌埠的荆山和涂山在大地构造上位于华北陆块南缘蚌埠隆起区，构造比较稳定，形成年代相对较早，自形成后一直受缓慢风化剥蚀的作用，因此山体比较平缓。西南部大别山地区以天柱山花岗岩地貌为代表，天柱山位于扬子陆块与华北陆块陆陆碰撞形成的秦岭大别造山带东段与郯庐断裂带的交汇部位，构造作用强烈，地震活动频繁，地壳稳定性差，形成奇特的崩塌叠石（石棚）型花岗岩地貌。南部以黄山、九华山为代表的花岗岩地貌，地处扬子陆块，受喜马拉雅造山运动和新构造运动作用，形成高山尖峰地貌景观，此后地壳稳定性较高，尖峰与石柱得以保存。

2. 地貌景观特征

根据地貌景观的形态特征为主、结合成因的"花岗岩旅游地貌景观分类方案"，我国的花岗岩地貌景观可分为14种类型（陈安泽 等，2013），其中安徽花岗岩地貌景观类型主要为高山尖峰型（黄山-三清山型）和崩塌叠石型（天柱山-翠华山型）。黄山花岗岩地貌为高山尖峰型（黄山-三清山型），其他还有九华山、祁门牯牛降等。天柱山花岗岩地貌为崩塌叠石型（天柱山-翠华山型），天柱山与黄山均为海拔1500米以上的高山，但地貌景观却差别明显，天柱山有众多的叠石洞，而黄山崩塌石块少见，并保存着高大的石柱和棱角鲜明的尖峰。

3. 岩性特征

安徽花岗岩岩石种类齐全，因此不同类型花岗岩地貌景观的岩性有所差异。如黄山花岗岩地貌主要岩性为斑状花岗岩、二长花岗岩、花岗闪长岩；天柱山花岗岩地貌主要岩性为二长花岗岩、石英二长岩；九华山花岗岩地貌主要岩性为花岗闪长岩、钾长花岗岩；牯牛降花岗岩地貌主要岩性为粗粒似斑状花岗岩、中粒花岗岩；大别山花岗岩地貌主要岩性

◎图6.50 涂山（孟祥明 摄）

◎图6.51 荆山（俞凤翔 摄）

125

为二长花岗岩、石英二长岩、花岗闪长岩。

4.形成时代

自元古代以来至中生代末，安徽各时代的花岗岩均有出露，但是由于年代越久风化越为严重，目前保存较为完好的花岗岩地貌景观主要形成于燕山期。其中蚌埠荆山－涂山花岗岩主要形成于中侏罗世，黄山、天柱山、九华山、牯牛降和大别山花岗岩主要形成于早白垩世。

◎ 图 6.52

◎ 图 6.53

◎ 图 6.52
天柱山型花岗
岩地貌
（张扬 摄）

◎ 图 6.53
黄山型花岗岩
地貌

表 6.1　安徽主要花岗岩地貌特征对比

序号	遗迹名称	形成时代	同位素年龄（亿年）	主要岩性	景观类型	围岩层位	代表型	景观特征	最高海拔（米）
1	黄山	早白垩世	1.25~1.40	斑状花岗岩、二长花岗岩、花岗闪长岩	高山尖峰地貌	前震旦系－志留系	黄山型	海拔 1000 米以上的花岗岩山体，因寒冻、风化等因素形成离立的以尖锐山峰为特征的景观	1864
2	天柱山	早白垩世	1.27	二长花岗岩、石英二长岩	崩塌叠石（石棚）地貌	超高压变质带	天柱山型	高大花岗岩山体顶部的尖峰或石柱因地震等因素而崩落山脚形成以不规则的崩石、叠石洞为特征的景观	1489.8
3	九华山	早白垩世	1.29~1.42	花岗闪长岩、钾长花岗岩	高山尖峰地貌	寒武系－志留系中统	黄山型	海拔 1000 米以上的花岗岩山体，因寒冻、风化等因素形成离立的以尖锐山峰为特征的景观	1344.4
4	牯牛降	早白垩世	1.30	粗粒似斑状花岗岩、中粒花岗岩	高山尖峰地貌	震旦系－寒武系下统	黄山型	海拔 1000 米以上的花岗岩山体，因寒冻、风化等因素形成离立的以尖锐山峰为特征的景观	1727.6
5	天堂寨	早白垩世	1.30	二长花岗岩	高山尖峰地貌	大别山杂岩	黄山型	海拔 1000 米以上的花岗岩山体，因寒冻、风化等因素形成离立的以尖锐山峰为特征的景观	1729.13
6	荆山－涂山	中侏罗世	1.65	黑云母二长花岗岩					338.7

丫山岩溶地貌

（丫山地质公园管

委会　供图）

第 7 章

岩溶地貌

岩溶地貌又称喀斯特地貌，主要是指水对可溶性岩石——碳酸盐岩（石灰岩、白云岩等）、硫酸盐岩（石膏等）和卤化物岩（岩盐等）的溶蚀作用所形成的地表及地下的各种奇异的景观与现象。安徽的岩溶地貌主要由碳酸盐岩溶蚀而形成。

安徽岩溶地貌分布较为广泛，主要发育在扬子陆块区，部分在华北陆块区。扬子陆块区的溶岩地貌主要集中在皖南宣城广德、泾县，池州石台一带和皖东滁州市区、马鞍山含山等地区。华北陆块区的溶岩地貌主要集中在灵璧、五河、泗县、淮南、凤阳一带。

安徽岩溶地貌地表地下均有发育，在地下发育成各种溶洞、暗河、溶隙、通道等；在地表形成各种石林、溶沟、洼地、谷地等，具有较高的美学旅游价值，享誉海内外。

◎ 图7.1
安徽重要岩溶地貌分布图

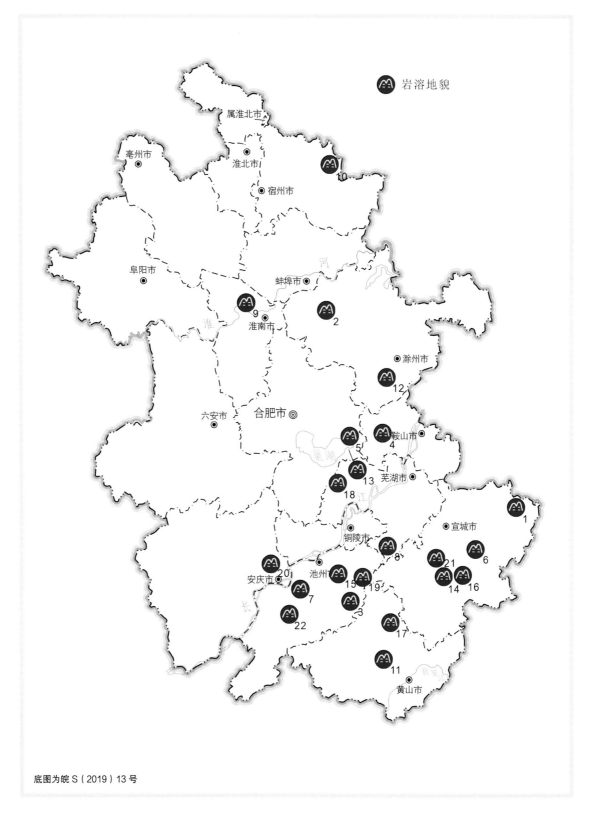

底图为皖 S（2019）13 号

1. 广德太极洞　2. 凤阳凤阳山　3. 石台溶洞群　4. 含山华阳洞　5. 巢湖紫薇洞　6. 宣城龙泉洞　7. 池州大王洞　8. 南陵丫山　9. 淮南八公山　10. 灵璧磬云山　11. 黟县石林　12. 滁州琅琊山　13. 巢湖仙人洞14. 宣城白云洞　15. 池州市齐山　16. 宁国山门水洞　17. 黄山神仙洞　18. 无为泊山洞　19. 青阳神仙洞20. 怀宁麻姑洞　21. 泾县朝阳洞　22. 东至三条岭

◎ 图 7.1

7.1 重要岩溶地貌

7.1.1 太极洞岩溶地貌

太极洞地处宣城市广德东北35千米处苏浙皖三省交界地。太极洞洞长5400米，内有上洞、下洞和天洞，洞内有山，洞内有河，总面积约14万平方米。

太极洞位于扬子陆块北缘，太极洞岩溶地貌主要发育于晚古生代石炭系黄龙组、二叠系栖霞组、三叠系和龙山组和南陵湖组碳酸盐岩地层中，表现为一套浅海相碳酸盐岩沉积体系。由于喜马拉雅造山运动及第四纪新构造运动，太极洞周期性升降，经降水与地下水的雕琢、修饰，形成了典型的岩溶景观。地表岩溶形态有溶沟、溶槽、石芽、溶痕，以及呈现为负地形的落水洞、漏斗、竖井、洼地、谷地、干谷，地下岩溶有琳琅满目的钟乳石和庞大的地下河系统构成的地下溶洞。

太极洞岩溶洞穴非常发育，洞内碳酸盐岩堆积物广泛分布。从来源上说，这些堆积物分为地下岩溶化学沉积物和洞内动力堆积物。

地下岩溶化学沉积物为地下水沉积产生的以碳酸钙为主的化学堆积物，主要有滴石、流石、边石、石珊瑚、石花等。滴石形成钟乳石、石笋和石柱地质景观，流石形成石扇、石幔、石瀑、石帘，边石形成边石坝和石田地质景观，还有各种石珊瑚、石花、石盾形成的地质景观。

洞内动力堆积物质来源分为地下河冲积物及洞穴崩塌（坍塌）堆积物。地下河冲积物分为古地下河冲积物和现代地下河冲积物。古地下河冲积物为胶结牢固的砾石和砂砾石，胶结的古砾石层部分再遭水流冲蚀，冲蚀残留物呈悬吊岩状。现代地下河冲积物为泥砂及砂砾石，砂砾石基本来源于古河床冲积物，结构松散，沿现代地下河床分布。洞穴崩塌堆积物主要出露于太极洞的黄山宫、万象宫及桃姑迷宫的流云宫、灵秀宫至开阳宫。规模最大的崩塌堆积当数黄山宫，崩塌面积5763平方米，单岩块厚度2～3米，长度4～10米，宽度3～6米，坠落高度10余米。落下的岩块常保持原始叠置状态，崩塌物堆积如山。

太极洞洞穴岩溶化学堆积从幼年期到老年期均有发育，古河床堆积及边槽发育的平向、垂向迁移，地下河的水力联系清晰，是反映新构造运动和沉积旋回的有力证据。边槽和悬吊岩主要发育于地下廊道内，边槽是地下河水冲刷溶蚀侧壁留下的痕迹，边槽的平移性和多层性反映了新构造运动的多阶段性。悬吊岩为第四系中、下更新统河床冲积物，因再次受河流冲蚀，现残留悬吊于地下廊道顶部，反映了地下河的多旋回性。

◎ 图7.2

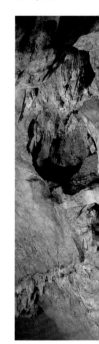

◎ 图7.3

◎ 图 7.5

◎ 图 7.6

◎ 图 7.4

◎ 图 7.7

◎ 图 7.2
太极洞宫厅
（包义勇 摄）

◎ 图 7.3
『太上老君』钟乳石
（太极洞地质公园管委会 供图）

◎ 图 7.4
太极洞石幔
（太极洞地质公园管委会 供图）

◎ 图 7.5
太极洞钟乳石
（张吉德 摄）

◎ 图 7.6
太极洞悬吊岩
（太极洞地质公园管委会 供图）

◎ 图 7.7
太极洞地下古河床
『仙舟覆挂』
（太极洞地质公园管委会 供图）

7.1.2 凤阳山岩溶地貌

凤阳山位于滁州市凤阳县南30千米，地处华北陆块南缘。区内狼巷迷谷和韭山洞是典型的岩溶地貌，狼巷迷谷为迷宫式岩溶景观，巷道纵横交错，狼牙石狭路相迎；韭山洞为地下溶洞，以"深、大、险、奇、古"为特点。

7.1.2.1 狼巷迷谷

狼巷迷谷总长有1200米左右，发育面积约1平方千米，发育于寒武系馒头组薄层至中厚层白云岩地层中（张立明 等，2012），白云岩层面岩层比较平缓，经过多期次构造作用，岩石破碎，节理裂隙发育，经风化、流水冲刷、溶蚀作用形成一种密网状岩溶地貌景观。岩溶沟缝表面发育少量石芽、溶沟、溶槽、穿孔等岩溶地貌，节理两壁白云岩的泥质条带由于抗风化能力弱而脱离母岩，形成狼牙交错的奇异景象。

◎ 图 7.9

◎ 图 7.10

◎ 图 7.8

7.1.2.2 韭山洞

韭山洞主洞长1472米，全长4000多米，发育于寒武系馒头组厚层泥质条带白云岩地层中。（张立明 等，2012）韭山洞以气势宏伟的大厅为主要特征，巨型洞厅面积达3500平方米。洞内钟乳石晶莹透亮，壁流石、气旋天锅等较发育，有鹅管、石笋、石柱、石幔等洞穴化学沉积物。韭山洞的二次溶蚀景观发育，发生二次溶蚀的钟乳石纹路清晰，如七星台、双鹰捕食、神龟探海等。洞中地下河属上游河段，较为少见。地下河形成一条可供行船的水道，水道长约40米，宽7～9米，深1～2米，流量约200立方米／日，常年流水潺潺，美不胜收。

134

7.1.3　丫山岩溶地貌

　　丫山位于长江南岸芜湖市南陵县境内，地跨南陵、青阳和铜陵三市县区域，地处扬子陆块区下扬子台坳。丫山岩溶地貌发育于三叠系南陵湖组、周冲村组（东马鞍山组）浅海相薄－中厚层灰岩中，受喜马拉雅造山运动及第四纪新构造运动的影响，丫山周期性升降，经降水与地下水作用，形成了丫山典型的岩溶景观。

　　丫山岩溶地貌以石林、石芽、岩溶洼地、漏斗、溶洞、天坑、塌陷湖、喀斯特泉、地下溶洞等为特色，集"奇、雄、险、幽、秀"于一体。丫山具有典型而完整的岩溶发育系统，完整地记录了我国华南地区奇特岩溶景观的地质地貌及其演化过程。

◎ 图 7.11

◎ 图 7.13

◎ 图 7.12

◎ 图 7.14

◎ 图 7.14
丫山地下溶洞燕倪洞

◎ 图 7.13
丫山下宕村岩溶洼地
（丫山地质公园管委会 供图）

◎ 图 7.12
丫山天坑
（丫山地质公园管委会 供图）

◎ 图 7.11
丫山石林

◎ 图 7.10
凤阳山韭山洞石幔
（王旭朝 摄）

◎ 图 7.9
凤阳山韭山洞正在形成的钟乳石
（马广全 摄）

◎ 图 7.8
凤阳山狼巷迷谷
（马广全 摄）

7.1.4　石台溶洞群岩溶地貌

石台县位于安徽南部池州市，地处扬子陆块区。石台溶洞群指在总面积约 1400 平方千米的石台县范围内分布的 100 多个大大小小的溶洞，其中尤以蓬莱仙洞、慈云洞和鱼龙洞三大溶洞景观最为特别。

7.1.4.1　蓬莱仙洞

蓬莱仙洞位于石台县城东 9 千米处，洞体全长 3000 余米，发育于奥陶系仑山组灰岩及白云质灰岩中，该组地层灰岩厚度大、岩性单一，单层厚度多以厚层状及中厚层状为主。第四纪新构造运动使该地区经历间歇性抬升，使原来形成的溶洞抬升，并在充气带中变成干洞；在地壳稳定期，地下水继续进行溶蚀侵蚀，如此反复抬升、溶蚀，形成了如今的多层溶洞。蓬莱仙洞至少发生过 3 次间歇性上升，形成了地洞、地下暗河、中洞、天洞 4 层结构。蓬莱仙洞洞体宏伟壮观，景观奇特多变，结构迷幻神奇，尤以"罗纱帐""天丝""山水壁画""千佛山"四绝著称。游人赞曰："地下蓬莱，人间仙境！""黄山天下奇，蓬莱世无双！"

◎ 图 7.15

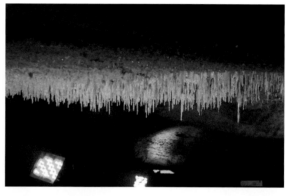

◎ 图 7.16

◎ 图 7.17

◎ 图 7.15
石台蓬莱仙洞千佛山

◎ 图 7.16
石台蓬莱仙洞天丝

◎ 图 7.17
石台蓬莱仙洞罗纱帐
（邱少林　摄）

◎ 图 7.18
石台慈云洞钟乳石
（陈丽　摄）

◎ 图 7.19
石台慈云洞石幔

◎ 图 7.20
石台鱼龙洞石边坝
（吴建平　摄）

◎ 图 7.21
石台鱼龙洞钟乳石
（吴建平　摄）

7.1.4.2 慈云洞

慈云洞位于石台县城东北七里镇缘溪村境内，发育于奥陶系仑山组灰岩中。洞口标高95米，位于低山的坡脚部位，洞口上方为悬崖峭壁，景色秀丽。洞体近南北向走势，长度大于6000米，具多层性。慈云洞洞道弯曲，厅堂宏大，其钟乳石千姿百态，如飞禽走兽，似万马奔腾。

◎ 图 7.19

◎ 图 7.18

◎ 图 7.20

◎ 图 7.21

7.1.4.3 鱼龙洞

鱼龙洞位于石台县六都乡鱼龙村境内，属暗河型溶洞，洞体发育于奥陶系仑山组灰岩中，长5000余米，洞口标高180米。鱼龙洞洞口形似张开的鳄鱼大嘴，倒挂的钟乳石排列如齿，洞体像蛟龙蜿蜒蛰伏于山下，故名"鱼龙洞"。

鱼龙洞洞内通道纵横交错，犹如迷宫，洞内钟乳石形态各异，妙趣横生。石柱、石幔、石边坝十分发育，特别是洞内有潺潺流水，水面开阔，游人既可徒步游览，又可乘筏漫游。明代曾有诗赞道："清泉出幽壑，红日映苍岩。绝妙鱼龙洞，尘壤别一天。"

7.1.5　八公山岩溶地貌

八公山岩溶地貌景观地处淮南市八公山区，岩性为寒武系凤台组白云质灰岩、白云质角砾状灰岩，两组高角度节理发育，由于地下水的溶蚀作用，发育的石林地貌具有一定规模，面积约10平方千米。八公山石林以成群的石柱裸露地表为特征，单个石柱高度2～6米不等，大多数石柱刚劲挺拔、尖锐锋利，少数则表现出不同姿态，各种形态的石柱一起构成了优美的石林地貌景观。淮南八公山石林不仅具有很好的观赏性，同时对研究江淮地区的古气候也有一定的科学意义。

◎ 图 7.22

◎ 图 7.23

◎ 图 7.24

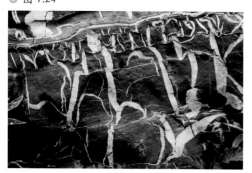

◎ 图 7.25

7.1.6　磬云山岩溶地貌

磬云山岩溶地貌位于宿州市灵璧县渔沟镇，大地构造上处于华北陆块南缘淮北凹陷带，主要发育新元古界震旦系张渠组灰岩、白云岩，产状平整，其中发育的臼齿构造及埋藏的古生物化石遗迹对于沉积岩相和古环境及地层学研究方面具有极其重要的价值。地貌上表现为羊背石、石芽等溶蚀地貌，出露深度较浅，属于岩溶地貌发育早期形成的石芽，是表层碳酸盐岩地貌现象的典型代表。

◎ 图 7.22
八公山石林（一）
（俞凤翔 摄）

◎ 图 7.23
八公山石林（二）
（俞凤翔 摄）

◎ 图 7.24
磬云山羊背石
（俞凤翔 摄）

◎ 图 7.25
磬云山臼齿构造

◎ 图 7.26
褒禅山石幔
（褒禅山地质公园管委会 供图）

◎ 图 7.27
褒禅山华阳洞洞口

◎ 图 7.28
大王洞天生桥
（俞凤翔 摄）

◎ 图 7.29
大王洞洞厅
（张秀英 摄）

7.1.7 褒禅山华阳洞岩溶地貌

华阳洞位于马鞍山市含山县东北方向的褒禅山下，洞口标高 60～90 米，全长 900 米，发育于二叠系栖霞组厚层沥青质灰岩层中。整个溶洞群分前洞、后洞、天洞、地洞，洞洞相连。洞内宽窄不一，支洞深浅不一，除溶洞外还包括有石芽、地下河、溶蚀漏斗、落水洞等。华阳洞的钟乳石景观丰富多彩，有大大小小、形状各异的钟乳石，特别是洞壁上浅红色、纯白色的方解石脉纵横交错，绚丽多彩。华阳洞是古代著名的游览胜地，因王安石的《游褒禅山记》而闻名遐迩。

◎ 图 7.26

◎ 图 7.27

◎ 图 7.28

◎ 图 7.29

7.1.8 大王洞岩溶地貌

大王洞位于池州市贵池区牌楼镇，洞口高程约 65 米，发育于石炭系黄龙、船山组，二叠系栖霞组灰岩地层中。大王洞内有 3 个洞口，即大王洞口、大天牢洞口和小天牢洞口，洞内全长 2200 米，总面积达 10 万平方米。洞内可分为银河、瑶池、仙园、龙宫、凤殿五大部分。洞内廊道宽窄不一，最宽处可达 100 多米，最窄处只容一人通过，最高处达 80 余米。大型洞厅众多，景色旖旎，石钟乳、石笋、石柱、石莲花等千姿百态。整个洞穴被一条地下河水贯穿，河水落差达 70 米，因而洞内形成溶洞瀑布等地下奇观。大王洞景观秀丽、雄伟，气势壮观，观赏内涵丰富。著名诗人艾青、贺敬之等称之为"江南奇观"。

7.1.9　紫微洞岩溶地貌

紫微洞位于巢湖市北郊，洞口位于大尖山南的紫微山山顶处，紫微洞发育于二叠系栖霞组沥青质灰岩地层中。因洞有两个天然井状出口而又称双井洞。全洞累计长约3000余米，紫微洞以"雄、奇、险、幽"著称，洞内迂回盘桓，钟乳纷呈，石柱林立，怪石嶙峋，形态各异，惟妙惟肖；洞中有洞，洞洞相通；洞内地下河波光粼粼，可以泛舟。

7.1.10　龙泉洞岩溶地貌

龙泉洞位于宣城市东南30千米处的水东镇，洞口标高140～170米，游程约3200米。龙泉洞发育于石炭系黄龙组和船山组、二叠系栖霞组灰岩地层中，龙泉洞洞内钟乳石组成种类繁多的珍禽野兽象形石、晶莹剔透的钟乳石水晶宫。在龙泉洞的"平田奇观"，自上而下层层有堤、有水。另外，龙泉洞洞道不宽而多蜿蜒曲折，时高时低，地下暗河时出时没，更为龙泉洞增添了许多神奇的色彩。龙泉洞自宋代就成为著名的风景名胜，洞壁上至今留有宋、明、清历代文人雅士的诗词墨迹，因此享有"立体的画、天然的戏、无声的诗"之称。

◎ 图 7.30

◎ 图 7.31

◎ 图 7.32

7.1.11 樵山神仙洞岩溶地貌

樵山神仙洞位于黄山市黄山区新明乡樵山，坐落在风景秀丽的太平湖畔。樵山神仙洞发育于石炭系黄龙组灰岩、白云质灰岩地层中。该岩溶洞穴有南北两个洞口，洞穴全长约3000米，整个走向呈"S"形。洞内分上、中、下三层，洞中有洞，洞中有河，地势高低不等，宽窄不一。溶洞发育一条近南北向的张性断裂，沿途常见断层角砾岩发育。

受破碎带影响，地下水活动频繁，有沿断裂形成的地下河，有石钟乳、石笋、石柱及溶洞大厅等景观，沿途常见地下河流搬运沉积的泥砂、卵石充填岩石裂隙或凹坑中。"兜率宫"处见有冲刷痕、水蚀凹槽等，局部见卵石层被钙质胶结，位置远高于现在地下河水面，为地下河水下切侵蚀的证据。

◎ 图 7.33

◎ 图 7.30
紫微洞落水洞

图 7.31
龙泉洞洞口

图 7.32
樵山神仙洞钟乳石
（安徽省地质矿产勘查局 332 地质队 供图）

◎ 图 7.33
樵山神仙洞石幔
（安徽省地质矿产勘查局 332 地质队 供图）

7.1.12　西递岩溶地貌

　　西递岩溶地貌地处黄山市黟县西递叶村大周山，距县城 12 千米。西递岩溶地貌地层岩性主要为寒武系华严寺组深灰色薄层状微晶灰岩与亮晶灰岩互层，泥质条带较发育。经地下水和地表水的溶蚀、冲刷和风化作用，形成造型各异的石柱、石笋、石芽等。

◎ 图 7.34

7.1.13 三条岭岩溶地貌

三条岭位于池州市东至县北东方向的尚村，三条岭指的是低岭、高岭、蔡岭，所处地貌为低山丘陵区，出露地层为中晚寒武世、早奥陶世的地层，主要岩性为深灰色中厚层泥质条带状微晶灰岩。三条岭不仅有溶沟、石芽、石林、岩溶漏斗、落水洞、溶蚀洼地等地表岩溶，地下溶洞、地下暗河也十分发育。经长期差异性溶蚀冲蚀作用形成了许许多多奇形怪状的象形石，似人似物，惟妙惟肖。

◎ 图 7.35

◎ 图 7.36

◎ 图 7.34
西递石林
（安徽省地质矿产勘查局 332 地质队 供图）

◎ 图 7.35
三条岭地下溶洞钟乳石
（安徽省地质调查院 供图）

◎ 图 7.36
三条岭大象石
（安徽省地质调查院 供图）

安徽岩溶地貌分布较广，皖南地区有太极洞、石台溶洞群国家地质公园；沿江地区有丫山国家地质公园、褒禅山省级地质公园；江淮地区有八公山、凤阳山国家地质公园，淮北有磬云山国家地质公园等。这些丰富多彩的岩溶地貌是在各种地质构造和水文地质条件等因素的共同作用下形成的，各岩溶地貌有不同的规模，其旅游价值差异巨大。

1.地质构造条件

安徽岩溶地貌主要发育在秦岭－大别造山带南部的扬子陆块区，岩溶发育较充分、典型，地表有石林石芽、漏斗天坑等地貌景观，地下多发育较为完整的地下河体系；而华北陆块区只偶有地表流水溶蚀形成的溶沟。岩溶地貌受构造活动因素影响较大，主要是通过岩石破裂和变形表现出来的，断层和裂隙是岩石内地下水流通道，对岩溶发育起着控制作用。此外受喜马拉雅造山运动、新构造运动作用，地壳多次周期性升降，形成了岩溶洞穴地貌多层结构。如皖南地区构造活动强烈，太极洞、蓬莱仙洞等发育了不同高度的多层溶洞，皖北地区构造活动较为稳定，少见多层溶洞。

2.水文地质条件

水文地质条件是影响安徽溶岩地貌景观差异的直接因素。秦岭、淮河作为我国气候南北分界线，以南雨水较多，属亚热带湿润气候；以北雨水较少，属暖温带半湿润气候。在淮河以南充沛的水文地质条件及复杂构造地质的作用和影响下，岩溶洞穴易于发育形成，各类钟乳石十分发育；而淮河以北降水量小，岩溶地下水活动性欠佳，溶洞钟乳石不发育。因此淮河以南多发育地下岩溶洞穴，如韭山洞、太极洞等；而淮河以北多发育地表低矮石芽，如磬云山等。

3.母岩时代

安徽岩溶地貌母岩主要成分为碳酸盐岩，但形成母岩的时代众多，对安徽岩溶地貌景观的形成也具有明显影响。安徽岩溶地貌母岩主要发育在震旦系、寒武系、奥陶系、石炭系、二叠系和三叠系等，如太极洞主要岩性为二叠系、三叠系灰岩、白云岩，磬云山主要岩性为震旦系灰岩、白云岩，八公山主要岩性为寒武系白云岩。

4.发育时期

岩溶地貌发育有一个发生、发展和消亡的过程，即从幼年期、壮年期发展到老年期，从而完成一个岩溶旋回。磬云山发育的岩溶地貌属于岩溶地貌发育的幼年期，以石芽、溶沟等为主要特征。八公山以耸立的石林等为主要特征，岩溶地貌发育以垂向侵蚀为主，部分发育水平侵蚀，属于岩溶发育的幼年至壮年过渡期，主体仍属于幼年期。太极洞、蓬莱仙洞等岩溶地貌多以溶洞为主，与其他如侵蚀洼地、岩溶漏斗等并存，属于岩溶地貌演化过程的壮年期，尤以蓬莱仙洞可能更接近于岩溶地貌演化过程的壮年晚期。

144

表 7.1　安徽主要岩溶地貌特征对比

序号	遗迹名称	主要岩性	地层	地理位置	大地构造位置	主要地貌特征
1	磬云山	白云岩、灰岩	震旦系张渠组	淮北	华北陆块区	地上岩溶（曰齿构造、石芽）
2	八公山	白云质灰岩、白云质角砾状灰岩	寒武系凤台组	江淮	华北陆块区	地上岩溶（石林）
3	狼巷迷谷	白云岩	寒武系馒头组	江淮	华北陆块区	地上岩溶（密网状岩溶地貌）
4	韭山洞	白云岩	寒武系馒头组	江淮	华北陆块区	地下溶洞
5	华阳洞	沥青质灰岩	二叠系栖霞组	沿江	扬子陆块区	地下溶洞
6	紫薇洞	沥青质灰岩	二叠系栖霞组	沿江	扬子陆块区	地下溶洞
7	丫山	灰岩	三叠系南陵湖组、周冲村组	沿江	扬子陆块区	地上岩溶（石林、石芽、岩溶洼地）、地下溶洞
8	太极洞	灰岩、白云岩	石炭系黄龙组、二叠系栖霞组、三叠系和龙山组和南陵湖组	皖南	扬子陆块区	地上岩溶（石芽、溶沟）、地下溶洞
9	龙泉洞	灰岩	石炭系黄龙组和船山组、二叠系栖霞组	皖南	扬子陆块区	地下溶洞
10	大王洞	灰岩	石炭系黄龙组和船山组、二叠系栖霞组	皖南	扬子陆块区	地下溶洞
11	蓬莱仙洞	灰岩、白云质灰岩	奥陶系仑山组	皖南	扬子陆块区	地下溶洞
12	慈云洞	灰岩	奥陶系仑山组	皖南	扬子陆块区	地下溶洞
13	鱼龙洞	灰岩	奥陶系仑山组	皖南	扬子陆块区	地下溶洞
14	神仙洞	灰岩、白云质灰岩	石炭系黄龙组	皖南	扬子陆块区	地下溶洞

齐云山

（胡祖福　摄）

碎屑岩地貌是指低洼处砂砾沉积被压实后，由于地壳抬升成为山地，又被外营力切割形成的地貌。安徽的碎屑岩地貌主要分布在皖南、皖西，主要为砂岩地貌和硅质岩地貌，砂岩地貌中尤以丹霞地貌最为典型。

丹霞地貌是指层厚、产状平缓、节理发育、铁钙质混合胶结不均的红色砂砾岩，在差异风化、重力崩塌、侵蚀、溶蚀等综合作用下所形成的城堡状、宝塔状、针状、柱状、棒状、方形状或峰林状地形，是 1928 年由冯景兰先生等在广东省仁化县丹霞山考察时首先命名的。丹霞地貌具有整体感强、线条明快质朴、体态浑厚稳重的特点，因而具有很高的游览和观赏价值。安徽的丹霞地貌主要分布于皖南、皖西地区，以休宁齐云山、皖西大裂谷和六安嵩寮岩等最为著名。硅质岩地貌以歙县搁船尖等最为典型。

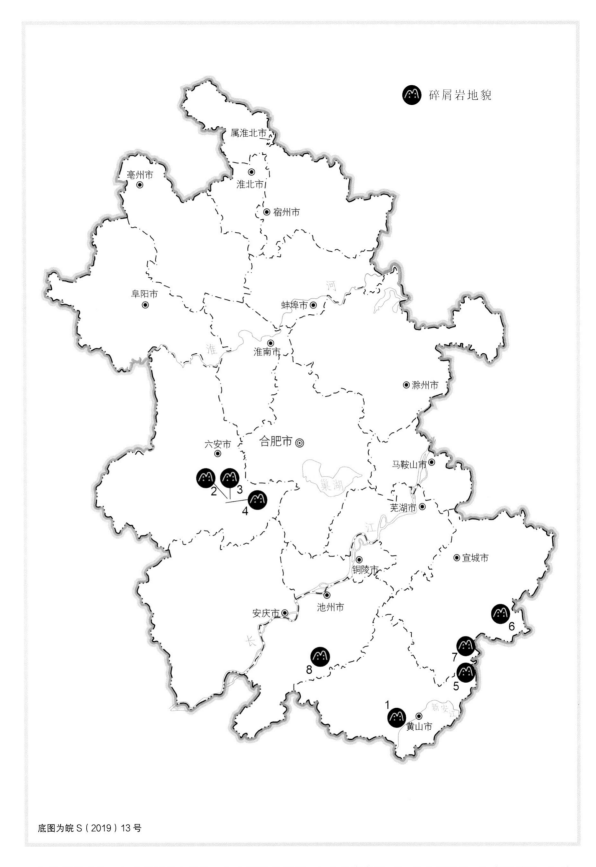

碎屑岩地貌

1.休宁齐云山　2.六安皖西大裂谷　3.六安张店石窟　4.六安嵩寮岩　5.歙县搁船尖　6.宁国夏霖　7.绩溪小九华　8.石台仙寓山

◎ 图8.1

8.1 丹霞地貌

8.1.1 齐云山丹霞地貌

齐云山古称白岳，位于黄山市休宁县，最高峰海拔585米，总体呈现为北坡陡峻、雄伟，南坡平缓，丘、峰、岭、谷、柱、台、崖、洞错落有致。齐云山地区出露白垩系徽州组、齐云山组和小岩组地层，岩性为紫红色砾岩、砂岩、钙质砂岩，构成齐云山丹霞地貌的物质基础。

齐云山丹霞地貌是各种地质作用的结果。地壳抬升为齐云山的形成提供了空间，抬升过程中形成的断裂、节理构成了齐云山丹霞地貌的展布格局，近水平的地层产状和岩性的明显差异为平台、崖洞等丹霞地貌景观的形成提供了条件。外动力地质作用中流水和重力作用是齐云山丹霞地貌景观形成的直接因素，其中流水的侵蚀作用最为显著，如五老峰是由于流水沿北西向冲刷形成沟谷、沿北东向冲刷形成一组冲沟，从而形成五峰并列的奇观。此外，岩石的碎屑成分及胶结物成分不同，地表水对岩石的溶蚀速度也不同。钙质胶结的砂岩和含钙质的砂岩被流水侵蚀及溶蚀速度明显快于其上、下的砂岩、砂砾岩层，进而形成崖洞，如"小壶天""方腊寨"等；钙质细砂岩被溶蚀洞穿，形成著名的天生桥"天桥岩"。受重力作用影响，齐云山沟谷边缘的岩体，沿张性节理崩落，形成相对高差数十至数百米峭壁奇观。齐云山丹霞地貌规模之大、景观之绚丽，为国内罕见。

◎ 图 8.2

◎ 图 8.3

◎ 图 8.4

◎ 图 8.2
齐云山群峰
（陈开曦 摄）

◎ 图 8.3
齐云山五老峰

◎ 图 8.4
齐云山天桥岩
（齐云山地质公园管委会 供图）

8.1.2 皖西大裂谷丹霞地貌

皖西大裂谷位于六安市金安区张店镇内，裂谷长约 1500 米，宽约半米至数十米不等，深约数十米、高百余米，谷坡陡峭，最陡处近似直立，为一陡立的"V"字形谷。皖西大裂谷丹霞地貌发育于侏罗系凤凰台组地层中，其岩性为一套紫红色长石石英砂岩和砂砾岩互层。在大别构造活动背景下，皖西大裂谷受两组断裂控制，由于区域断层的拉张作用，其中的巨厚沉积地层开始断裂滑开，并受流水沿断裂构造长期侵蚀下切作用所形成。

◎ 图 8.5

8.1.3 张店石窟丹霞地貌

张店石窟丹霞地貌位于六安市金安区张店镇，岩性为侏罗系凤凰台组的砂砾岩和砂岩互层，局部还含有泥质胶结的细沙层，岩层中还有波痕存在。砾石呈次圆状－次棱角状，分选差、接触式胶结，是典型的磨拉石建造。沉积环境多为山前洪积扇、河口三角洲相及河漫滩相。

地貌景观主要有丹霞赤壁、水平洞穴、象形石、石柱、丹霞层理纹沟、丹霞顺层凹槽等。石窟陡崖面长 60 ~ 80 米，高 40 ~ 60 米；洞体呈水平分布，多椭圆形，少数透镜状，其中最大洞长 80 米，高 5 ~ 20 米，深 10 ~ 50 米，洞穴浑圆，排列无序，大小混杂。

◎ 图 8.6

◎ 图 8.5
皖西大裂谷
（蔡宜军 摄）

◎ 图 8.6
六安张店石窟群

8.1.4 嵩寮岩丹霞地貌

嵩寮岩位于六安市金安区东河口镇，面积约1平方千米。丹霞地貌发育的地质基础为中生代形成的红色断陷盆地。在侏罗纪中期，其处于湖相盆地中，盆地外围风化剥蚀的大量碎屑物质通过流水被带至盆地中沉积下来，形成了厚度大于2000米的紫红色长石石英砂岩、砂砾岩和砾岩地层。嵩寮岩主要出露凤凰台组、三尖铺组地层，岩层厚度大、产状平缓，以砖红色砂砾岩、砾岩为主，夹含砾砂岩、中细砂岩。嵩寮岩由两座单面山构成，中间为一道冲田，两山突兀对视，分立于东西；崖上光滑圆润，褐如鲫鱼脊背一般。

◎ 图 8.7

◎ 图8.9
搁船尖石门
（俞凤翔 摄）

◎ 图8.8
搁船尖硅质岩地貌峰墙
（俞凤翔 摄）

◎ 图8.7
嵩寮岩单面山
（蔡宜军 摄）

8.2 硅质岩地貌

8.2.1 搁船尖硅质岩地貌

搁船尖硅质岩地貌位于黄山市歙县金川乡，发育震旦系蓝田组和皮园村组地层。由于皮园村组与蓝田组岩性不同，搁船尖岩石地层经受流水长期侵蚀切割及区域内各个时期的断裂构造运动的影响，发生差异风化，蓝田组灰岩、页岩易风化剥蚀，而皮园村组硅质岩较难风化，往往形成悬崖峭壁、岩墙群，其高差可达50～100米不等，延伸达几千米，形成挺拔峻峭的峰墙地貌。屹立亿万年的石门群，道道气势非凡，石门之上，巧石林立，如人似物，惟妙惟肖。

◎ 图 8.8

◎ 图 8.9

◎ 图 8.10

8.2.2　夏霖硅质岩地貌

　　夏霖硅质岩地貌位于宣城市宁国夏霖镇，岩性为震旦系上统皮园村组深灰色黑白相间条纹状硅质岩、含炭质硅质岩夹硅质页岩。夏霖硅质岩地貌主要有各种陡崖、石门、石柱、岩廊及褶皱等地貌景观，特别是一处两石山并立，狭缝仅4米的"一线天"，浅溪穿峡流过，河流两侧瀑布成群，怪石多姿。潭有多处，潭由于受新构造运动的影响，同一瀑布形成的深潭有很明显的错位。

◎ 图 8.11

◎ 图 8.10
宁国夏霖皮园村组发育的尖鞘褶皱
（安徽省地质调查院 供图）

◎ 图 8.11
宁国夏霖同一瀑布受新构造运动影响在不同时期形成的潭
（安徽省地质调查院 供图）

◎ 图 8.12
宁国夏霖龙潭瀑布

◎ 图 8.12

8.2.3　小九华硅质岩地貌

　　小九华硅质岩地貌位于宣城市绩溪县荆州镇，岩性为震旦系皮园村组含炭质硅质岩夹硅质页岩。由于硅质岩质地坚硬，抗风化能力较强，在差异风化作用下，形成片状直立的大刀石（俗名关刀石）及高约40米长条状石长城等硅质岩地貌。

◎ 图 8.13

8.3 其他碎屑岩地貌

石台仙寓山砂岩地貌位于池州市东至、石台与黄山市祁门三县交界处，主峰海拔1376米。仙寓山碎屑岩地貌岩性为南华系南沱组的灰绿、黄绿、紫红色冰碛含砾砂岩，粉砂岩，含砾泥岩，含锰灰岩及含锰粉砂岩。因地层岩石的颜色有灰绿、黄绿、紫红色等，并且节理较发育，加之沟谷走向基本与本组地层的走向一致，所以在丰水季节，冲刷的新鲜岩石在河流中呈现鲜艳且丰富多彩的色彩，形成长约6千米、落差600余米的七彩玉谷。

◎ 图 8.14

◎ 图 8.15

女山火山口
（陈家斌 摄）

火山地貌是指地质历史中因火山作用遗留下来的典型古火山活动遗迹及其所构成的典型地貌。火山地貌包括火山机构和火山岩地貌。火山机构指构成一座火山的各个组成部分的总称，其中包括地表以上的锥体和岩浆在地下的通道。（张根寿，2005）火山岩地貌是指经外动力地质作用，构成的各种具有观赏价值的地貌，诸如嶂、峰、洞、溪谷、方山等。（陈安泽，2013）安徽火山地貌主要发育在中生代和新生代时期，既有火山机构又有火山岩地貌，具有较高的科研、科普和旅游观赏价值。

　　安徽在中生代侏罗纪、白垩纪时陆相火山活动强烈，火山地貌主要分布于大别山北部、长江两岸和皖南地区，其中以浮山火山机构、马仁山火山岩地貌、清凉峰火山岩地貌最为典型。其岩石类型多样，有安山岩、粗安岩、粗面岩、流纹岩、玄武岩、凝灰岩等。

　　安徽新生代火山地貌主要分布于郯庐断裂两侧的明光、来安、合肥等地，以女山火山机构和大蜀山火山机构等最为典型，凤阳、定远、怀宁等地也有零星分布。其岩石类型以橄榄玄武岩、玄武岩等基性和超基性岩为主。

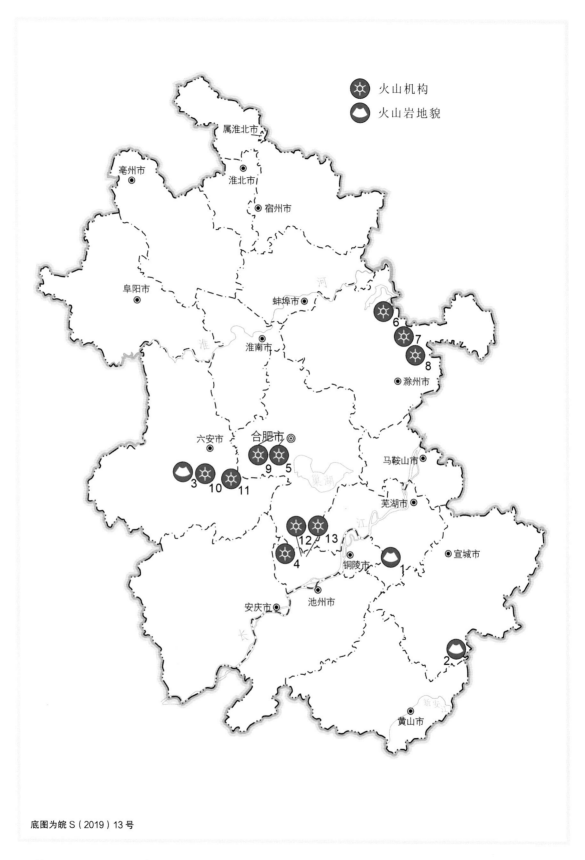

底图为皖 S（2019）13 号

1.繁昌马仁山　2.绩溪清凉峰　3.六安红石谷　4.枞阳浮山　5.合肥大蜀山　6.明光女山　7.明光小横山　8.明光小嘉山　9.合肥小蜀山　10.霍山赵家凹　11.六安金子寨　12.枞阳七家　13.枞阳柳峰山

◎ 图 9.1

9.1 火山岩地貌

9.1.1 马仁山火山岩地貌

马仁山位于芜湖市繁昌区孙村镇，是中生代白垩纪蝌蚪山旋回火山喷发形成的，其主要火山岩地貌为流纹斑岩岩墙，地表出露长 1000 米、宽 100 米。马仁山广泛分布紫红色流纹岩、肉红色流纹质角砾岩等。流纹岩是一种酸性喷出岩，由花岗质岩浆喷出地表冷凝形成，因经常发育流纹构造而得名，普遍呈波浪状、水平状的纹理，纹理清晰美观。

◎ 图 9.2

◎ 图 9.4

◎ 图 9.3

◎ 图 9.2
马仁山石壁
（马仁山地质公园管委会　供图）

◎ 图 9.3
马仁山流纹岩

◎ 图 9.4
马仁山岩柱

◎ 图 9.5
马仁山岩洞
（马仁山地质公园管委会　供图）

马仁山的岩柱、岩洞也颇具特色，它们是构造作用、风化作用与侵蚀作用共同作用的结果，如"梦笔生花"峰直似笔，为一高逾30余米的岩柱，顶部生长有梓树一棵，是研究火山岩与植物生长特征的重要素材。岩洞多是三组裂隙相互切割、风化作用的结果，且多分布于岩壁的陡峭之处，可以通过岩洞观赏其他景观。

◎ 图 9.5

165

9.1.2 清凉峰火山岩地貌

清凉峰位于宣城市绩溪县、黄山市歙县和浙江省临安县三县交界处。清凉峰主峰海拔1787米，是安徽第二高峰，岩性以火山喷发岩为主。清凉峰所在大地构造位置处于浙赣皖江南隆起部位，长期处于稳定的上升状态，在燕山运动时期发生强烈的差异升降运动，并伴随多次强烈而广泛的中酸性－酸性岩浆侵入和火山喷发活动。在新构造运动时期，清凉峰地区的抬升活动是间歇性的，因此广泛分布几级剥夷面，形成层状地形。在大约4500万年前的中始新世发生较强烈的构造运动，准平原解体，并抬升为现今最高的800～1100米夷平面。

清凉峰火山岩地层为中生代黄尖组，

◎ 图 9.6

属于西天目山火山岩盆地，形成时代距今1.35亿～1.34亿年。（王德恩 等，2014）清凉峰区内广泛分布紫红色流纹岩、肉红色流纹质角砾岩等，波浪状、水平状的纹理发育，在火山形成后的内外动力地质作用下，形成了独特的火山熔岩景观。

◎ 图 9.7

166

9.2 火山机构

9.2.1 浮山火山机构

浮山火山地貌位于铜陵市枞阳县浮山镇，地处庐枞火山岩盆地的腹地。庐枞火山岩盆地地处扬子陆块北缘西邻郯庐断裂带，接近于扬子与华北两大陆块的拼合带。庐枞火山岩盆地由早白垩世的陆相火山岩组成。盆地内经过燕山期的火山活动，形成了一套多次喷发的橄榄粗安岩系。

浮山为白垩纪火山喷发形成的破火山口，形成时代距今1.4亿~1亿年（尹家衡 等，1999），地面形态为边缘高、中间低的盆形凹地，由原始火山堆积沿环形断裂塌陷而成。"盆边"为火山物质堆积而成的环形山身，"盆底"为火山中心塌陷区。庐枞火山岩盆地经历了多期次火山喷发活动，以浮山火山岩为代表的浮山旋回是本区火山活动最后阶段的产物。浮山火山地貌保存完好，岩相种类配套齐全，地质现象典型，环状断裂、放射状断裂、塌陷火山洼地等火山构造清晰可见。浮山火山岩已被《中国地层典》确定为"浮山旋回"火山岩的典型代表。

◎ 图 9.8

◎ 图 9.9

9.2.2 女山火山机构

女山火山群地处滁州市明光市，包括女山、小横山、小嘉山等若干火山遗迹，其中以女山古火山最为典型。女山位于郯庐断裂带上，是世界上保存最为完整的第四纪古火山之一，主要地质遗迹类型有古火山口、地表熔岩流通道、气孔状玄武岩等。火山口呈椭圆形玉环状，长轴近东西向，短轴近南北向，已堵塞成小湖。火山口外围见气孔状橄榄玄武岩。火山口东侧为火山熔岩流通道，外围见火山集块角砾岩、火山弹。女山火山岩中包含大量地幔橄榄岩包体，为探索地幔提供了直接依据。

◎ 图 9.10

◎ 图 9.11

◎ 图 9.10
女山地幔橄榄岩包体

◎ 图 9.11
女山火山口

◎ 图 9.12
大蜀山远眺

9.2.3 大蜀山火山机构

　　大蜀山位于合肥市中心往西约 10 千米处，海拔标高 282 米，主要地质遗迹类型有火山颈、火山锥、火山熔岩流。大蜀山是在古近纪晚期，由于岩浆活动强烈，岩浆沿地层裂隙侵入并溢出地表，发生了火山喷发活动而形成的火山。大蜀山呈中心式火山喷发，以溢流作用为主，属于宁静式火山喷发类型。大蜀山平面上呈近圆形，是由火山通道相、喷出相及浅源型脉岩相组成的完好火山锥体，喷溢一套以橄榄玄武岩为主的熔岩及少量火山沉积碎屑岩。

◎ 图 9.12

仙人冲变质岩

（俞凤翔　摄）

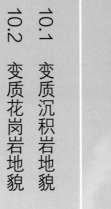

第 10 章

变质岩地貌

变质岩地貌是指因变质作用及由变质岩形成的地貌景观。变质作用是指先已存在的岩石受物理条件和化学条件变化的影响，改变其结构、构造和矿物成分，成为一种新的岩石的转变过程，由变质作用形成的岩石就是变质岩。由于原岩的岩性及所受的变质程度的差异，变质岩的岩性差别很大，又因其所处的地质构造背景和自然地理环境各异，组成的地质地貌景观的风格特色也各有不同。

安徽变质岩地貌主要发育时期为前中元古代蚌埠（或大别）期、中元古代四堡（凤阳）期、新元古代晋宁期、加里东期和华力西－印支期，主要分为变质沉积岩地貌和变质花岗岩地貌。安徽变质岩主要分布在皖北霍邱至五河、凤阳一带及大别山区和皖南山区，其中以大别山区变质岩地貌尤为典型，具有较高的观赏价值。

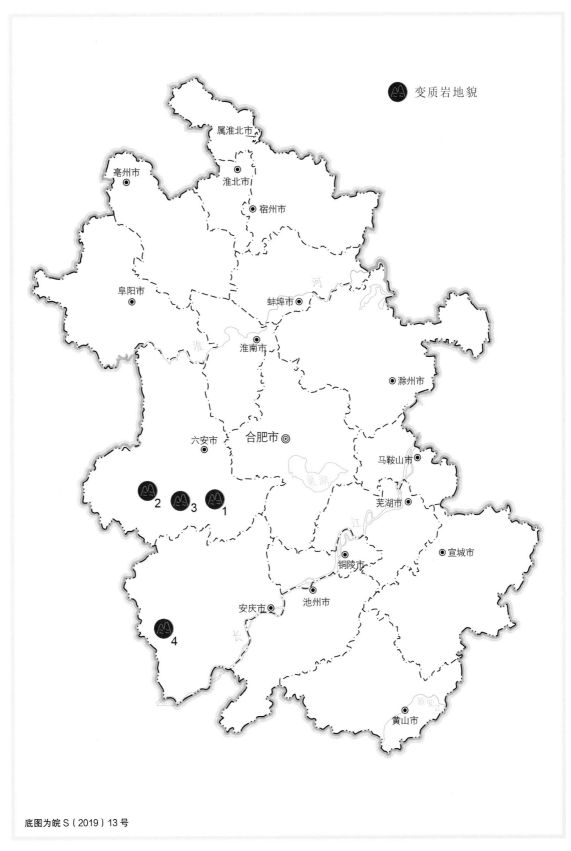

底图为皖 S（2019）13 号

1. 六安市东石笋变质岩地貌　2. 霍山县佛子岭变质岩地貌　3. 霍山仙人冲变质岩地貌　4. 宿松县严恭山变质花岗岩地貌

◎ 图 10.1

10.1 变质沉积岩地貌

10.1.1 东石笋变质岩地貌

东石笋位于六安市金安区毛坦厂镇，地处大别造山带北淮阳构造带，出露佛子岭岩群祥云寨组，岩性以石英岩、石英片岩为主，其刚性、脆性较强。受多期构造、变形综合作用，东石笋岩层强烈变形，加之断层切割及重力崩塌作用，形成了高约30米酷似"石笋"的独立巨石。

◎ 图 10.2

◎ 图 10.3

10.1.2 仙人冲变质岩地貌

　　仙人冲变质岩地貌位于六安市霍山县诸佛庵镇仙人冲村。大地构造上位于大别造山带北部北淮阳构造带，变质岩地貌主要由佛子岭岩群祥云寨岩组石英岩、云母石英片岩组成，由于构造运动形成了惟妙惟肖、姿态万千的沉积碎屑岩地貌，有石门山、一线天（仙人裂）、棋盘岩、祖师岩、响鼓石、梳妆台等。

◎ 图 10.4

◎ 图 10.2
东石笋石英片岩
（马广全 摄）

◎ 图 10.3
东石笋
（马广全 摄）

◎ 图 10.4
仙人冲石英岩
（俞凤翔 摄）

10.2 变质花岗岩地貌

◎ 图 10.5

　　严恭山位于安庆市宿松县凉亭镇夏家村，海拔464米。地处大别造山带南部宿松变质杂岩带与郯庐断裂带的分支断裂桐城－太湖断裂的交汇部位，出露距今7.8亿年的新元古代枫香驿变质花岗岩，在内外动力地质作用下，历经亿万年的风化剥蚀，形成了别具特色的石蛋地貌，有蛇皮石、象鼻石、狮身人像石、龟背石，蜡烛石、灯笼石、佛手石、道人石等景观，还有一线天（流云峡）以及众多的壶穴。

　　严恭山历史悠久，山顶上的严恭寺相传为禅宗五祖弘忍所建，而"严恭"之名，据考证是从佛教著名经书《楞严经》而来，鬼斧神工的严恭石道上就刻有"南无佛顶首楞严"字句。

◎ 图 10.5
严恭山变质花岗岩
（吴维平 摄）

升金湖

（刁春忠　摄）

第11章

水体地貌

水体地貌地质遗迹是指由自然水体为主构成的地质遗迹，如河流、湖泊、泉水、瀑布等。安徽地区河流众多，河网密布，自北向南依次属淮河、长江、新安江（钱塘江）三大水系。淮河干流和长江干流自西向东横穿全省，新安江发源于安徽南部山区。在这三大水系之间星罗棋布着诸多湖泊、湿地、温泉、瀑布等水体景观，有中国五大淡水湖之一的巢湖，国际重要湿地升金湖，又有誉为"黄山四绝"之一的黄山温泉，还有天堂寨的瀑布等。

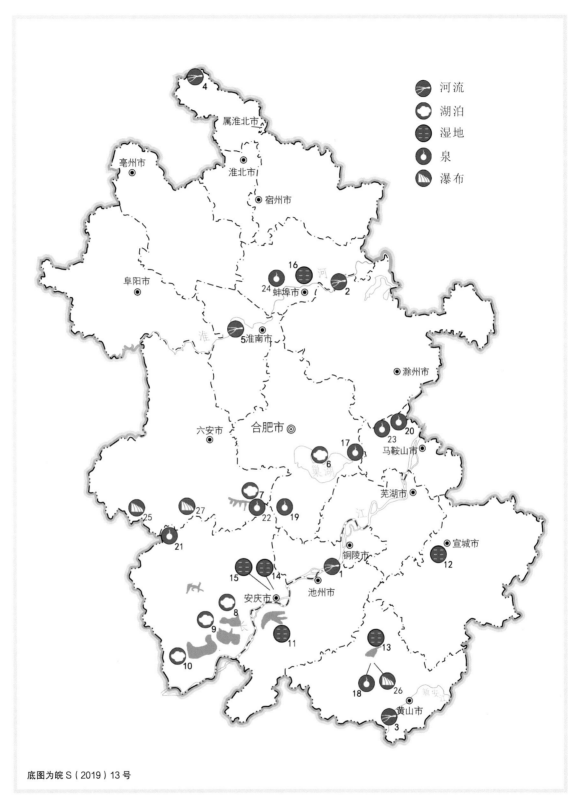

底图为皖 S（2019）13 号

1. 长江安徽段　2. 淮河安徽段　3. 新安江　4. 砀山古黄河　5. 凤台淮河河流地貌　6. 巢湖　7. 万佛湖　8. 泊湖　9. 大官湖　10. 龙感湖　11. 升金湖湿地　12. 扬子鳄保护区湿地　13. 太平湖湿地　14. 菜子湖湿地　15. 嬉子湖湿地　16. 怀远白乳泉　17. 巢湖半汤温泉　18. 黄山温泉　19. 庐江东汤池温泉　20. 和县香泉　21. 岳西汤池畈温泉　22. 舒城西汤池温泉　23. 含山昭关温泉　24. 蚌埠三汊河湿地　25. 天堂寨瀑布　26. 黄山瀑布　27. 龙井峡瀑布

◎ 图 11.1

11.1　河流地貌

安徽省内河流众多，河网密布。流域面积在100平方千米以上的河流共300余条，总长度约1.5万千米。在安徽境内，淮河干流属中游河段，长江干流属下游河段，新安江干流属上游河段，因此在安徽可以看到不同阶段特征的河流景观，长江、淮河横贯东西，将安徽分成三大自然区域。

11.1.1　长江安徽段

长江发源于"世界屋脊"青藏高原的唐古拉山脉各拉丹冬峰西南侧，自西而东横贯中国中部，全长约6300千米，居世界第三位。长江安徽段属下游，全长约400千米，又称"八百里皖江"，流

◎ 图 11.2

域面积6.6万平方千米，占安徽总面积的47.3%，约占整个长江流域的4%。长江干流自江西省九江市附近流出，在宿松

◎ 图 11.3

进入安徽省境内，由西南向东北斜贯安庆、池州、铜陵、芜湖、马鞍山五市，至和县乌江附近流入江苏省境内。长江两岸支流众多，自西向东，北岸较长支流有皖河、裕溪河和滁河等，南岸有青弋江、水阳江等。

安徽长江段水源充足，良港众多，沿岸的铜陵港、芜湖港、马鞍山港都是万吨级天然良港，形成了中国近代史上著名"四大米市"之一的芜湖米市；新时代依托长江黄金水道，开展长江经济带建设，必将推动安徽高质量发展。

11.1.2　淮河安徽段

淮河位于中国东部，古称淮水，与长江、黄河和济水并称"四渎"，是中国七大江河之一。淮河安徽段属中游，上自豫皖交界的洪河口起，下至皖苏交界的洪山头止，流经阜阳、六安、淮南、蚌埠、滁州五市，河道长度 430 千米，流域面积约 6.69 万平方千米，约占安徽省总面积的

◎ 图 11.4

◎
图 11.4
淮河
（张金球 摄）

◎
图 11.3
长江芜湖段
（司宣峰 摄）

◎
图 11.2
长江安庆段
（舒中胜 摄）

48%，约占整个淮河流域面积的 35%。

　　淮河干流河床平缓，支流众多，南北两岸呈不对称分布。淮河北岸是面积辽阔、地势平坦的淮北平原，上面发育着较长且平缓的支流，主要支流呈平行状分布，自西北流向东南，汇入淮河干流；淮河南岸是绵延东西的江淮丘陵，地形支离破碎，发育的河流较短，主要的支流多发源于大别山区。淮河安徽段历史上水利发展较早，寿县的芍陂（今安丰塘）始建于 2500 多年前的春秋时代，灌田万顷，至今仍造福江淮人民。

◎ 图 11.5

◎ 图 11.5
淮河河漫滩
（肖勇 摄）

◎ 图 11.6
新安江
（陈晓明 摄）

11.1.3 新安江安徽段

新安江为钱塘江上游，发源于安徽南部的黄山山区，横贯黄山市歙县腹地。安徽境内新安江干流长242千米，流域面积6500平方千米，占安徽省总面积的4.7%。流域内河网密度大，多为山区河流，大多较短且落差较大，主要支流有率水、横江和深渡河等。

新安江是古徽州文明的摇篮，也是徽商的黄金通道，它记载了"无徽不成镇"的奇迹，谱写了古徽州人民艰苦创业的历史篇章。新安江两岸生态环境极佳，呈现高山林、山中茶、低山果、水中鱼的立体生态格局，与掩映其间的徽州古村落、古民居交相辉映，构成一幅美妙的山水国画。

◎ 图 11.6

11.1.4　古黄河故道

砀山古黄河位于宿州市砀山县西北，属于明清黄河故道的一部分，是古黄河水流泥沙搬运沉积与古人"筑堤束水、以水攻沙"治河方式共同作用下形成的"地上悬河"景观。砀山的古黄河河床、高滩地、南北大堤、背河洼地、决口潭等，是古黄河流经砀山的重要地质证据。砀山古黄河故道对研究古黄河流泥沙搬运沉积作用、流水堆积地貌景观的形成机制具有重要的科学研究价值。

◎ 图 11.7

◎ 图 11.8

11.2 湖泊地貌

安徽有大小湖泊587个，总面积3500平方千米。湖泊面积在10平方千米以上的有40个，湖泊主要分布于长江、淮河沿岸。其中长江流域有24个，主要湖泊有巢湖、龙感湖、大官湖、泊湖等，总面积2530平方千米，占安徽全省湖泊总面积的70%左右；淮河流域有16个，主要湖泊有城东湖、城西湖、瓦埠湖、焦岗湖等，湖泊面积970平方千米，占安徽全省湖泊总面积的30%左右。（安徽省地方志编委会，1999）

安徽湖泊种类多样，按湖盆成因分，有由河流演变而形成的河迹洼地型湖泊，有因地壳构造运动导致的构造型湖泊，还有少量的由矿区地表塌陷而形成的塌陷型湖泊等。

11.2.1 巢湖

巢湖因形似鸟巢而得名，正常水面面积760平方千米，流域面积为13486平方千米，平均水深4~5米，岸线蜿蜒曲折，周长150多千米，跨合肥市包河区、巢湖市、肥东县、肥西县、庐江县，是我国五大淡水湖之一，国家风景名胜区。巢湖四周为断裂控制，属断陷湖，主要受郯庐断裂带、全椒-槐林嘴断裂、东关断裂、合肥-槐林嘴断裂等7条断裂控制。巢湖湖底沉积物为晚更新世黏土，与沿岸广布的黏土质湖岸同属一个时代，故认为巢湖形成于晚更新世之后。巢湖在2.5万年前开始沉降形成雏形，到全新世（距今1万多年）已基本具有如今的规模。后受近代活动断裂的影响，巢湖湖盆及各侧湖岸产生相对湖底的升降运动，使巢湖东部下沉，西部抬升。（吴跃东，2010）

◎ 图 11.9

◎ 图 11.7
砀山古黄河河床
（砀山县自然资源和规划局 供图）

◎ 图 11.8
砀山古黄河北大堤——吴寨西大堤
（砀山县自然资源和规划局 供图）

◎ 图 11.9
巢湖（一）
（王岩 摄）

◎ 图 11.10

◎ 图 11.11

◎ 图 11.10
巢湖（二）
（魏斌 摄）

◎ 图 11.11
巢湖（三）
（钟鸣 摄）

◎ 图 11.12
万佛湖（一）
（刘勇兵 摄）

11.2.2　万佛湖

万佛湖位于舒城县中部，又名龙河口水库，建成于20世纪60年代，水面面积约50平方千米，湖岸长约205千米，库容量9.03亿立方米，因其源头来自风景秀丽的万佛山，且湖中分布着众多小岛，故命名为万佛湖。万佛湖集山、水、泉、石、崖、池、洞、林、花及水利设施、文化遗址于一体。

万佛湖地区发育有一套中生代火山岩，位于霍山－舒城火山岩盆地的中部南侧，层位为白垩统毛坦厂组，岩石类型为一套安山岩、粗面质熔岩、火山碎屑岩及火山碎屑沉积岩组合。万佛湖地区火山活动受金寨断裂控制，表现为裂隙式多中心喷发，火山机构类型主要有层状火山、锥状火山和穹状火山。

◎ 图 11.12

◎ 图 11.13

◎ 图 11.14

11.3　湿地

　　湿地是指天然或人工、长久或暂时之沼泽地、湿原、泥炭地或水域地带，带有或静止或流动、或为淡水、半咸水或咸水水体者，包括低潮时水深不超过6米的水域。湿地是地球上具有多功能的独特的生态系统，是自然界最富生物多样性的生态系统和人类最重要的生存环境之一，被誉为"地球之肾""物种基因库"和"生命的摇篮"，湿地与森林、海洋一起并称为全球三大生态系统。安徽境内湿地类型和湿地资源丰富，湿地总面积10418平方千米，占全省国土总面积的7.47%，湿地总面积和湿地率分别位居全国第14位和第13位。（国家林业局，2015）安徽湿地可分为自然湿地（河流湿地、湖泊湿地、沼泽湿地）和人工湿地，其中自然湿地是重要的地质遗迹。安徽全省皆有湿地分布，但总体以分布在长江、淮河、新安江三大流域为主。

11.3.1　升金湖湿地

　　升金湖湿地位于安徽南部池州市境内，跨贵池、东至两县区，属湖泊型湿地，总面积33340公顷，通常水面面积10000公顷，年平均水位10.88米。升金湖湿地位于扬子台坳中部的东段-沿江拱断褶带处。由于中生代构造运动，致使大别山、皖南山区强烈上升，长江沿岸下降，形成诸多断陷沉积盆地；新构造运动又使升金湖地区经历一个间有上升的缓慢而不均匀的沉降过程，从而形成今日长江沿岸的构造地貌轮廓；加之长江河道的摆动，洼地积水形成湖泊。

　　升金湖是以珍稀越冬水鸟及其栖息地为主要保护对象的国家级自然保护区，有水生植物84种、兽类32种、两栖爬行类25种、鱼类62种、鸟类175种。升金湖是亚太地区最主要的鹤类、鹳类、雁鸭类候鸟栖息地之一，也是全球濒危物种东方白鹳、鸿雁和白头鹤的主要越冬地，已被列入国际重要湿地名录。

◎ 图 11.13
万佛湖（一）
（刘勇兵 摄）

◎ 图 11.14
万佛湖（三）
（舒城县自然资源和规划局 供图）

◎ 图 11.15

11.3.2　嬉子湖、菜子湖湿地

嬉子湖、菜子湖湿地位于安庆市,属湖泊型湿地。嬉子湖、菜子湖均南北走向,中间为一陆地,在陆地的南端两湖相汇,呈一宽阔的湖面。

嬉子湖沿湖湿地连绵,珍稀飞禽随季节迁徙栖息,形成罕见的湿地景观,总面积约 71 平方千米。每年冬季沿湖三面滩头和湿地,水草肥美引来越冬的白琵鹭、鸿雁、白头鹤、小天鹅、黑鹳等 10 多种珍稀鸟类数以万计。

菜子湖湿地面积有 20.29 平方千米,有维管束植物 43 科 100 属 147 种,有水鸟 6

◎ 图 11.16

◎ 图 11.17

◎ 图 11.18

目12科60种，总数约5万只。每逢秋冬季节，成群结队的候鸟来此栖息。菜子湖湿地是候鸟重要的迁徙停歇地、越冬地和繁殖地。

◎ 图 11.15
升金湖
（安徽省林业局
湿地处 供图）

◎ 图 11.16
菜子湖（一）
（安徽省林业局
湿地处 供图）

◎ 图 11.17
菜子湖（二）
（安徽省地质调
查院 供图）

◎ 图 11.18
嬉子湖
（安徽省地质调
查院 供图）

193

11.3.3　三汊河湿地

三汊河湿地位于蚌埠市淮上区曹老集、梅桥两乡镇的交界处，距离主城区约5千米。湿地南北长约7.0千米，东西宽0.2～2.0千米。湿地总面积5.296平方千米，属于沼泽型湿地，是淮河流域保存较好的一块自然湿地。

经初步调查，湿地公园内有维管束植物61科193种，有国家二级重点保护野生植物——野大豆。湿地公园内有鱼类4目8科19种，有两栖爬行动物3目5科11种，有鸟类13目37科103种。国家二级重点保护野生动物有白尾鹞、小鸦鹃等；安徽省一级重点保护野生动物有豹猫、四声杜鹃、金腰燕、灰喜鹊等，安徽省二级重点保护野生动物有中华蟾蜍、黑斑蛙、中国水蛇、黄鼬、狗獾和猪獾等。

◎ 图11.19

11.4 泉水

泉水是地下水天然出露至地表的地点，或者地下含水层露出地表的地点，根据水流状况的不同，可以分为间歇泉和常流泉。如果地下水露出地表后没有形成明显水流，则称为渗水。根据水流温度，泉水又可以分为温泉和冷泉，其中温泉是从地下自然涌出的、泉口温度显著高于当地年平均气温的地下天然泉水，是含有对人体健康有益的微量元素的矿物质泉水。安徽省著名的温泉有半汤温泉、昭关温泉、和县香泉等，它们的分布、成因有一定的规律，均位于同一构造带上（巢湖穹断褶皱带），出露于构造交汇处。

11.4.1 巢湖半汤温泉

半汤温泉位于巢湖市东北约 7 千米的汤山南麓，因这里山前有温泉，山后有冷泉，炎凉各半，故名半汤，且被誉为中国温泉之乡。半汤温泉出露于汤山复式背斜的核部。受北北东和北西西向断裂（巢湖穹断褶皱带）的破坏作用，使得地下热水溢出带南、西两侧的志留系砂页岩与寒武系、奥陶系灰岩呈断层接触。经过深部循环增温的地下热水在运移过程中受南侧隔水层的阻挡，沿北西西向导水断裂上升涌出地表成泉。热泉水温 60℃，日流量 1000 吨左右，冷泉水温 40℃，日流量 1 万多吨。

半汤温泉是蕴含于地下深层岩石裂隙中的积水，通过不停地运行，在地温、地压的长期作用下，不但获得了地层深部传导的热能，也获得了溶解于泉水中的各种元素，如钙、镁、钠、钾、锶、锂、锌、硫酸根和碳酸氢根等离子，具有很高的医疗价值，是全国著名的有保健作用的温泉。（王国强，1998）

11.4.2 庐江东汤池温泉

东汤池温泉位于合肥市庐江县汤池镇，距庐江县城 22 千米，与西汤池温泉同处于大别断块隆起带。汤池镇绕泉而建，因泉闻名。东汤池地区有两条断裂交汇，汤池地热主要与断块隆起的断裂活动有关。汤池河谷内有 5 个温泉出露，大致沿近东西方向展布，汤池水温高，常年保持在

◎ 图 11.20

63℃，泉水中富含多种有益于身体的化学元素，成分稳定，日涌量巨大，可达 1 万吨。东汤池古称"东坑泉"，是我国四大古泉之一，也被誉为中国温泉之乡。

◎ 图 11.20 庐江东汤池

◎ 图 11.19 三汊河湿地（安徽省林业局湿地处 供图）

11.4.3 和县香泉

和县香泉位于马鞍山市和县县城北 20 千米覆釜山下，大地构造位置处于巢湖穹断褶皱带，又名"香淋泉""平疴泉""太子汤"等。香泉有两个温泉群，呈北西向带状出露，当地称为一汤和二汤。一汤水温 47℃，二汤水温偏低，两汤总流量 137 立方米 / 天，动态稳定。香泉温泉水属中性微咸硫

◎ 图 11.21

酸钙镁型、硅温泉水。香泉处在和县北断裂上，这条断裂是一条控热水的贮水构造，往北延伸与区域北东向滁河断裂交汇，地下热水的形成与这两条断裂有关。

11.4.4 含山昭关温泉

昭关温泉位于马鞍山市含山县昭关镇，春秋时"伍子胥过昭关，一夜愁白了头"这一传奇历史故事就发生于此地。昭关温泉水温 41℃，水化学类型主要为硫酸钙镁型。温泉出露于石杨 - 龙王尖复背斜的南端部分，发育以震旦系 - 奥陶系所组成的大型倒转褶皱及一系列叠瓦状逆冲断层。昭关温泉受滁河深断裂和一条次级断裂控制，岩层裂隙发育、破碎，隐伏溶洞、溶蚀裂隙及溶孔发育强烈，形成了水力联系良好的通道，这是形成昭关温泉的重要地质基础。

昭关温泉在断裂构造的沟通作用下，沿构造破碎带逐步循环到地壳深部，在运移过程中吸收围岩的热量，与其发生化学反应，并在昭关断裂深部交汇处汇集储存，形成中低温地热水。在水头压力的作用下，热储中的热水沿由断裂形成的通道上升到地表，形成昭关温泉。（陈学锋 等，2017）

11.4.5 岳西汤池畈温泉

汤池畈温泉又名灵泉，位于安庆市岳西县城以北 6 千米的温泉镇，大地构造位置属大别断块隆起带，这里四面环山，气候湿润，景色宜人，是理想的疗养环境。汤池畈温泉有大汤池、小汤池等温泉共 9 个，排列方向呈近东西的带状。水温最高的大汤池水温 58℃，流量 107.1 立方米 / 天，pH 为 8.96 ~ 9.17，含氟、偏硅酸、镭、氡、钠、钙等 20 多种对人体有益的微量元素，且所含氟和偏硅酸符合医疗热矿水水质标准，故可将泉水作为氟、

◎ 图 11.22

◎ 图 11.23

硅医疗热矿水，直接用于医疗、洗浴。区内分布有3条断裂，主断裂走向近东西，沿线温泉出露。隆起和断裂作用是形成汤池畈温泉的直接原因，汤池畈温泉的出露与河流侵蚀下切作用直接相关。

11.4.6 舒城西汤池温泉

西汤池温泉位于六安市舒城县南约30千米处汤池镇，在汤池河与支流交汇处的谷坡上，大地构造位置处于大别断块隆起带，有6个温泉沿北北东向出露，最高水温65.0℃，最大单泉流量34.6立方米/天，区内分布燕山期石英正长岩，构造上有两条断裂在此交汇。西汤池是典型的高热氡泉，常年水温65℃，富含人体需要的16种微量元素，对皮肤病、关节炎、伤风感冒、腰腿疼痛等有显著疗效。据清代记载，小镇泉眼数多，温泉喷涌，汩汩流淌，热气腾腾，现由于开发利用进行多处抽取，自流的温泉少见，多为井中抽水，西汤池人以温泉为生活用水，水质较好。

11.4.7 黄山温泉

黄山温泉位于黄山风景区及周边，主要有黄山温泉和松谷庵温泉，地貌上均处于侵蚀构造中山区，所处的地层也为燕山期花岗岩。大地构造位置位于江南台隆的汤口断裂上，走向北东，沿此断裂有数条倾向相对的南北向裂隙，带内岩石破碎。南坡的黄山温泉，水温42℃，流量166.0立方米/天；北坡的松谷庵温泉，水温28.50℃，流量107.14立方米/天。黄山温泉的形成主要受汤口断裂和汤口-汤岭关断裂影响，其中汤口断裂是控水断裂，汤口-汤岭关断裂是导热构造和热储，沿断裂又派生出一系列走向相同的次生断裂，黄山温泉点均在此断裂上。松谷庵温泉北西侧可见到由汤口断裂派生的一条近南北向的张性节理密集带，与此节理密集带交汇的还有两条近东西向的节理密集带，带宽2～5米，松谷庵温泉点即出露于此带内。

11.4.8 怀远白乳泉

怀远白乳泉位于蚌埠市怀远县城南郊荆山北麓，因"泉水甘白如乳"而得名，白乳泉原名白龟泉。白乳泉出露的围岩岩性为燕山期细粒花岗岩，岩石节理发育。大气降水顺岩体的节理和风化裂隙渗入地下，受风化作用影响，地表花岗岩逐渐形成白色的高岭土，大雨滂沱之际，高岭土的细小颗粒可悬浮在水中，或汇入地表河流，或流入地下，使水里现牛乳状。由于岩层的过滤作用，悬浮物质被分离出去，使涌入泉坑的水透明无色，但也有一些距地表较近与泉口相通的宽大裂隙，会将这些未经过滤的地下水输入泉口，使泉水浑浊发白，形成白乳现象，这就是怀远白乳泉的形成机理。

◎ 图 11.21 和县香泉

◎ 图 11.22 岳西汤池畈温泉

◎ 图 11.23 岳西温泉镇

11.5　瀑布

　　瀑布是从河床纵断面陡坡或悬崖处倾泻下来的水流。按成因不同，瀑布可分为地质断层瀑布、侵蚀瀑布和潮汐瀑布，我国瀑布广泛分布，如云贵高原的黄果树瀑布，高达57米，是中国最大的瀑布；黄河上游的壶口瀑布、江西庐山香炉峰瀑布等都是我国著名的大瀑布。安徽也有许多瀑布地质遗迹，集中分布在皖南、大别山地区，类型为地质断层瀑布和侵蚀瀑布。

11.5.1　天堂寨瀑布群

　　天堂寨瀑布群分布有银弓瀑、淑女瀑、泻玉瀑、情人瀑和九影瀑五大常年流水瀑布，其所处的海拔标高950～1300米，瀑布落差30～80米，峡谷深达数百米。天堂寨花岗岩体中各类节理、裂隙发育，经过长期的风化剥蚀、崩塌滚落、流水冲刷，于峡谷中形成了一道道断崖，为瀑布的形成提供了基本的条件。万绿丛中脱颖而出的五大瀑布，飞流直下，奔珠溅玉，形成了壮丽的瀑布群景观。

◎ 图 11.24

◎ 图 11.25

◎ 图 11.26

11.5.2　黄山三瀑

　　黄山三瀑指的是九龙瀑、百丈瀑和人字瀑。

　　九龙瀑为黄山第一大瀑，全长 600 米，落差 300 米，一瀑九折，一折一潭，形成九瀑九潭的壮丽奇观。

　　百丈瀑位于青潭、紫云峰之间，因其顺千尺悬崖而降得名。枯水季节时，涓涓细流，如轻纱缥缈，也称百丈泉。

　　人字瀑古名飞雨来，位于温泉旁的紫石、朱砂两峰之间，海拔 660 米，瀑长 50 米，因其一源二流、形似"人"字而得名，又因其像两条白龙飞流直下而有"双龙飞瀑"之称。其背后就是摩天接日的天都峰，故人们又称它为天都瀑布。

◎ 图 11.27

◎ 图 11.24
天堂寨情人瀑
（马广全　摄）

◎ 图 11.25
天堂寨九影瀑
（马广全　摄）

◎ 图 11.26
黄山人字瀑
（黄山地质公园管委会　供图）

◎ 图 11.27
黄山百丈瀑
（黄山地质公园管委会　供图）

◎ 图 11.28

◎ 图 11.28
黄山九龙瀑
（黄山地质公园管委会 供图）

◎ 图 11.29
龙井峡瀑布
（俞凤翔 摄）

11.5.3 龙井峡瀑布

龙井峡瀑布位于六安市霍山县磨子潭镇，瀑布落差约 46 米、宽 2~3 米。瀑布下有一狭长的水潭，为龙井潭，潭深 2~5 米，面积约 200 平方米，潭的两侧壁直陡峭，其中一侧测高有 106 米。龙井峡峡谷长约 15 千米，谷深 400 米左右，宽 40~300 米，龙井峡瀑布组成岩性为燕山期二长花岗岩，岩石节理、裂隙发育。峡谷内瀑布成群，谷中怪石遍地，两岸壁陡谷深，青山相对，雄伟壮观。

◎ 图 11.29

大型平卧褶皱

（吴维平　摄）

第12章

构造地貌

构造地貌是指地球岩石圈构造运动或物质变形过程中所遗存下来的地质景观。安徽地处华北陆块、秦岭－大别造山带和扬子陆块区，经历了蚌埠、凤阳、皖南、霍丘、加里东、印支、燕山、喜马拉雅等8个大的构造旋回和蚌埠、凤阳、皖南、印支、燕山等5个具有变革意义的造山运动，发育了形形色色的构造地貌遗迹，如各种峡谷地貌、大量挤压及推覆构造（飞来峰、构造窗）和不同尺度规模的褶皱、断层等。

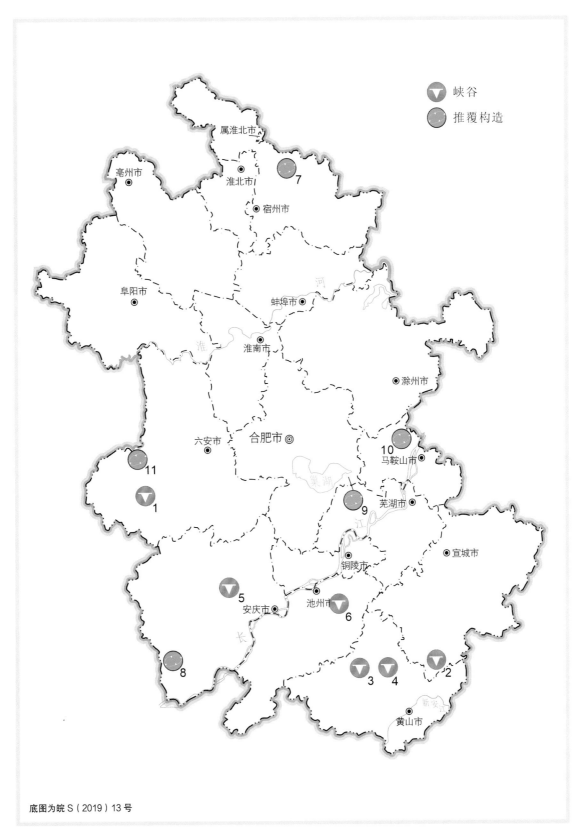

底图为皖 S（2019）13 号

1.金寨燕子河大峡谷　2.绩溪郡山大峡谷　3.黟县五溪山峡谷　4.黄山西海大峡谷　5.潜山天柱大峡谷
6.青阳九华峡谷　7.徐淮推覆体黑蜂岭飞来峰　8.宿松河西山推覆构造　9.巢湖银屏山推覆构造　10.和县
香泉推覆构造　11.金寨全军构造窗

◎ 图 12.1

12.1 峡谷地貌

12.1.1 燕子河大峡谷

燕子河大峡谷位于六安市金寨县，峡谷两侧为峭壁，高 70 ~ 80 米，该峡谷长约 3800 米，河谷两岸最高峰海拔 568 米，最低处海拔约 350 米，峡谷总体走向近南北向。

燕子河谷及其外围出露大量新元古代－太古代大别杂岩，大别杂岩包含了多种岩石类型，露头良好，是研究大别造带基底物质组成和演化的重要窗口。

◎ 图 12.2

谷中出露的基性变质岩层包体——斜长角闪岩和变质侵入岩组合中的英云闪长质片麻岩，受多期构造变质作用，岩层强烈变形，浅色矿物与暗色矿物分别相对聚集，形成了条带、条纹状构造，黑白条带相间，揉折盘旋，异彩纷呈。

◎ 图 12.3

◎ 图 12.4

12.1.2　郭山大峡谷

郭山大峡谷位于宣城市绩溪县东南 22 千米，古称三天子山，大地构造上属于江南古陆与南京凹陷过渡带，岩性为中生代燕山晚期伏岭岩体中粗粒正长花岗岩，形成于早白垩世，距今约 1.3 亿年左右。（陈芳 等，2013）峡谷长约 3 千米，走向约 150°，主要地貌景观有堡状峰、峡谷、石臼、瀑布、潭等。其中百丈岩为一单体巨石，峰体上细下粗，谷深壁陡，高约 460 米，最宽约 180 米，垂直 85°。岩面光滑如镜，高入云天。

◎ 图 12.5

◎ 图 12.2
燕子河大别杂岩
（马广全 摄）

◎ 图 11.23
燕子河大峡谷
（吴维平 摄）

◎ 图 12.4
郭山百丈岩
（俞凤翔 摄）

◎ 图 12.5
郭山大峡谷
（俞凤翔 摄）

12.1.3　西海大峡谷

西海大峡谷位于黄山西北方，东起西海排云亭前，西至钓桥庵，为一深切V形峡谷。全长约8千米，走向北东南西向。西海大峡谷是因北东向断层活动而形成的，该断裂强烈切割黄山岩体第二期粗粒似斑状花岗岩和第三期细粒斑状花岗岩，加上节理发育，使整个西海大峡谷悬崖耸立、怪石嶙峋，形成刀劈般破碎状的峰林。

◎ 图 12.6

12.2 推覆构造

12.2.1 香泉推覆构造

香泉推覆构造位于马鞍山市含山县龙王尖至和县香泉一带，长约40千米。由昭关-吃儿山片体、青山-缩山片体、龙王尖-狮碾潘片体构成，其相互叠置关系为后展式逆冲推覆。香泉推覆体推覆方向由北西向南东，且后缘较前缘推覆距离大，对前缘形成挤压之势，致使前缘的昭关-吃儿山片体总体形态表现为向南东凸出的弧形。

◎ 图 12.6

黄山西海大峡谷

（黄山地质公园管委会 供图）

◎ 图 12.7

推覆体由寒武系至下三叠统复式倒转褶皱组成,总体超覆于早侏罗世地层钟山组之上,断层面向北西倾斜,倾角小于30°。推覆体发育较完善,层次较清晰,常见一系列的构造窗和飞来峰构造,如鸡笼山飞来峰、严家构造窗等。

12.2.2　河西山推覆构造

河西山推覆构造发育于大别山东南麓外圈的安庆市宿松县一带,由一系列的向南西方向凸出的弧形冲断层组成,冲断岩带重重叠叠,有的形成构造窗,有的形成飞来峰。河西山推覆构造带长约35千米，推覆体由震旦系灯影组组成，叠覆于志留系之上，推覆位移距离约3千米。

12.2.3 徐淮推覆构造

徐淮推覆体北起山东省台儿庄，经江苏省徐州到安徽省的淮河以北。推覆体内发育密集的叠瓦状冲断层以及大型紧闭、倒转、平卧褶皱，一系列冲断层使老地层逆掩新地层，褶皱轴和断层线在平面上舒缓弯曲，形成向北西西凸出的弧形构造。

黑峰岭飞来峰是徐淮推覆构造中规模最大的一个推覆体，位于宿州市黑峰岭，向北延至刘楼、灵璧县山后徐，呈环状分布，面积约90平方千米。由青白口系贾园组、赵圩组、倪园组及九顶山组组成的一个完整的向斜（黑峰岭向斜）叠覆于原地系统的时窑背斜核部之上，经剥蚀后，使黑峰岭形成为一个弧形山，构成典型的飞来峰构造。推覆断层面在黑峰岭的西、南、东均有出露，北部隐伏在第四系之下。断层附近岩石普遍破碎，并见糜棱岩和角砾岩。黑峰岭东坡断层下盘的史家组向南东方向倒转，推覆方向为自东往西。

12.2.4 银屏山推覆构造

银屏山推覆构造主要分布在散兵逆掩推覆断裂以东的巢湖市银屏山至无为县响山一带，一系列规模不等的推覆构造或飞来峰弧形断裂构造发育，自西向东有邵家山、程湾、刘家村及黄牛背等推覆体。这些推覆体均属震旦系灯影组地层，叠覆于尖山背斜两侧的向斜核部早三叠世地层之上，由西向东推覆距离5～12千米。推覆断层面均内倾，其中以黄牛背向斜为典型的飞来峰构造，出露面积达12平方千米。

12.2.5 全军构造窗

金寨县全军－龚店一带，发育燕山早期逆冲推覆构造。总体表现为庐镇关岩群、苏家河岩群、佛子岭岩群等变质岩系呈大小不等的构造岩片逆冲在石炭纪地层之上，又与后者一起构成一个大的推覆岩系推覆于侏罗纪地层之上，构成一系列的构造窗、飞来峰、逆冲叠瓦扇等特征性构造。其中以全军构造窗规模最大，分布面积约4平方千米。构造窗东侧边界逆冲断层，倾向南东，佛子岭岩群直接覆于石炭系胡油坊组之上。断层上覆的佛子岭岩群，发育宽达100米的构造破碎带；西侧断层倾向北西，并为早白垩世火山岩所不整合覆盖。佛子岭岩群推覆体由南向北推覆，变形非常强烈，产状平缓，总体呈舒缓波状，呈北西向凸出的弧形展布，剪切带内部岩石普遍糜棱岩化。

◎ 图12.7 和县鸡笼山飞来峰

淮北南湖公园

（张传宝 摄）

第13章

地质灾害遗迹

地质灾害遗迹是指在地球受内外动力或人为作用，发生异常能量释放、物质运动、岩土体变形位移及环境异常变化等，危害人类生命财产安全、破坏资源环境的过程中产生的地质遗迹，包括地震、崩塌、滑坡、泥石流、地面沉降与塌陷、地裂缝等。

安徽在漫长的地质历史与人类历史进程中发生过大量地质灾害，遗存下许多具有特殊旅游观光与科学考察价值的地质灾害遗迹景观，如宿州灵璧的震积岩、安庆大龙山地震遗迹、宁国高峰山崩塌群、歙县皂汰古滑坡、两淮煤田采空塌陷等。

◎ 图 13.1
安徽重要地质灾害遗迹分布图

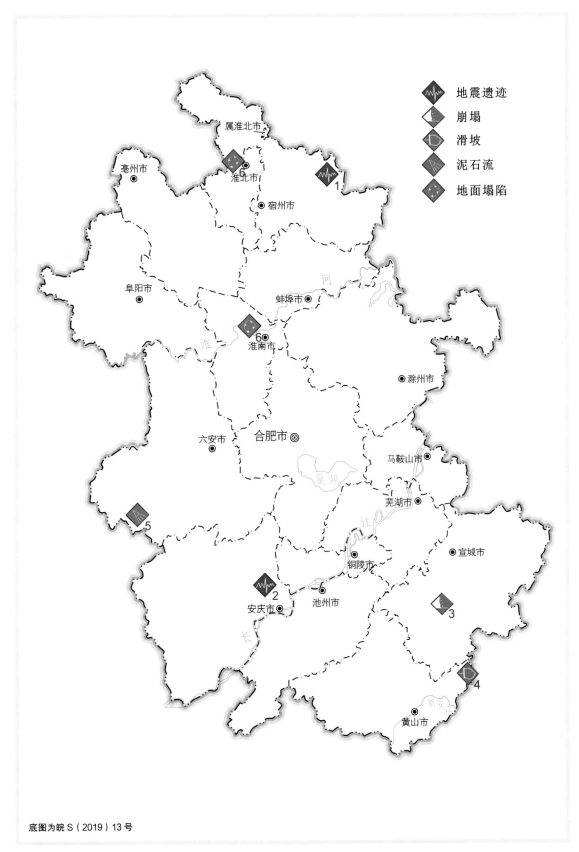

1. 灵璧磬云山震积岩　2. 安庆大龙山地震遗迹　3. 宁国市高峰山崩塌遗迹　4. 歙县皂汰古滑坡遗迹　5. 金寨县天堂寨泥石流遗迹　6. 两淮煤田塌陷遗迹

◎ 图 13.1

13.1 地震遗迹

13.1.1 灵璧磬云山震积岩

宿州市灵璧县磬云山新元古代地层中震积岩分布广泛，这是碳酸盐岩在形成过程中因古地震而遗留的痕迹。震积岩种类多样，分为臼齿构造（俗称"天女散花"）、液化脉、具"袋状冲沟"的强烈冲刷侵蚀构造、塑性砾屑层、震碎角砾岩、阶梯状同生小断层等6种类型。震积岩不仅对古地震及古沉积环境研究具有巨大的指示作用，同时还具有较高的观赏价值和科学研究价值。

◎ 图 13.2

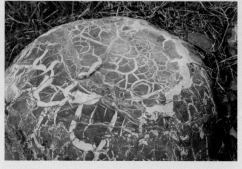

◎ 图 13.3

13.1.2 安庆大龙山地震遗迹

安庆市大龙山地区地震活动频繁，历史上曾发生过多次强烈地震，其中一次地震记录是2011年1月19日的杨桥4.8级地震，震中位于大龙山公园东侧石塘湖内，震源深度9千米。地震对于大龙山岩体的崩塌堆积有诱发和加剧作用，目前那里保留了大量地震遗迹，主要表现为震落崩塌堆积、震落支撑、震动裂隙、震余孤石、震余悬石、震断石、震裂石、震动崩塌废墟等。（夏浩明 等，2012）因其在地震地质灾害的科研、科普价值较高，已经被安徽省地震局确定为安徽省地震教学科研基地和地震应急救援演练基地。

◎ 图 13.4

13.2　其他地质灾害遗迹

13.2.1　宁国高峰山崩塌遗迹

崩塌是较陡斜坡上的岩土体在重力作用下突然脱离母体崩落、滚动、堆积在坡脚（或沟谷）的地质现象。宁国高峰山崩塌遗迹位于宣城市宁国市方塘乡和宣城市宣州区溪口镇塔泉村交界处，海拔1153米，主要由志留系砂岩组成，山高坡陡，岩石节理发育。在重力以及风化作用下，岩石崩塌堆叠形成的一片灰白色带棱角的乱石块地带，长约1500米，宽约250米，被称为"石海"。石海周边为绿色植被所覆盖，唯有此处寸草不长、树木全无，又因其上石块形如大小不等的豆腐块模样，故又称之为"豆腐台"。

13.2.2　歙县皂汰古滑坡遗迹

滑坡是指斜坡上的土体或者岩体，受河流冲刷、地下水活动、雨水浸泡、地震及人工切坡等因素影响，在重力作用下，沿着一定的软弱面或者软弱带，整体或者分散地顺坡向下滑动的自然现象。歙县皂汰古滑坡遗迹位于黄山市歙县金川乡中高山区，海拔高度950米左右，滑坡体呈上窄下宽的梯形，卧伏在皂汰陡崖的南西侧，长约650米，宽约200米，滑动面平均深9.5米，属大型黏土性滑坡。滑坡体东北面为一遭受断裂破坏、呈北东向展布长约800米、相对高度约150米的近乎光秃的硅质岩陡崖；滑坡体东南部为四季流水的山间河流。

◎ 图 13.5

◎ 图 13.6

◎ 图 13.2
磬云山震积岩

◎ 图 13.3
磬云山白齿构造
（深色位置为碳酸盐岩，浅色位置为微晶方解石脉）

◎ 图 13.4
安庆大龙山
（俞凤翔　摄）

◎ 图 13.5
宁国高峰山崩塌
（宁国市自然资源和规划局　供图）

◎ 图 13.6
歙县皂汰古滑坡遗迹

13.2.3　金寨天堂寨泥石流遗迹

　　泥石流是山区或地形险峻地区因为暴雨、暴雪或其他自然灾害引发的山体滑坡并携带有大量泥沙及石块的特殊洪流,具有突然性以及流速快、流量大、破坏力强等特点。2012年7月13日,天堂寨持续一天的强降暴雨导致山洪暴发,形成泥石流灾害,顷刻间地动山摇,山石、泥土和水流夹杂着树木顺着山谷倾泻而下,形成了一条平均宽50米、深20米、长1000米左右的峡谷。

◎ 图 13.7

218

13.2.4　两淮采煤塌陷遗迹

安徽两淮地区由于几十年的地下采煤活动造成一定范围的采空区，当上方岩石、土体失去支撑而引起地面塌陷，形成煤矿采空塌陷遗迹。地面塌陷使地面建筑物、农田等遭到不同程度的损毁，破坏自然环境，给周边群众生产、生活带来严重的影响和威胁。

塌陷区积水成湖，大大小小的湖星罗棋布，其中大部经综合整治蓄水后宛如江南水乡，已成为国家矿山地质环境治理示范区，如淮北的南湖先后被授予"国家湿地公园""国家矿山公园"等称号，淮南大通已建成为国家矿山公园。

◎ 图 13.8

◎ 图 13.9

黄山迎客松及
摩崖石刻

地质地貌景观与人文历史

安徽建省于清朝康熙六年（1667年），省名取当时安庆、徽州两府首字而成，因境内有皖山、春秋时期又有古皖国而简称皖。皖山又称皖公山，就是现在的天柱山，古皖国故都就是今天的安徽省安庆市潜山市。一般认为，先有地质地貌景观的独特，后才有人文历史的依附；同时，地质地貌景观借助于人文因素而声名倍显。安徽地质地貌景观丰富，山清水秀，文人墨客纷纷为之倾倒，留下大量诗文和历史文化遗存，诠释了安徽山川秀美、人文荟萃，现择其要者简述。

14.1 花岗岩地貌与人文历史

14.1.1 黄山的人文历史与传说

黄山原名黟山。传说轩辕黄帝曾在此采药炼丹，得道成仙。唐玄宗遂于天宝六年（747年）诏改黟山为黄山，黄山之名于此一直沿用至今。千余年来，黄山积淀了浓郁的黄帝文化，轩辕峰、炼丹峰、容成峰、浮丘峰、丹井、洗药溪、晒药台等景名都与黄帝有关。

黄山人文厚重。从诗文流传来看，古往今来，咏赞黄山的诗词歌赋不计其数，从盛唐到晚清的1000多年间，有文字记载的赞颂黄山的诗词就有2万多首。大诗人李白游历黄山，留下不朽诗篇《送温处士归黄山白鹅峰旧居》。明代旅行家、地理学家徐霞客两次登临黄山，写下名篇《游黄山日记（徽州府）》和《游黄山日记（后）》，详载黄山之游，叹为"生平奇览"。据康熙本《黄山志定本》载世人与徐霞客的对话："人问：'你游历四海山川，何处最奇？'答曰：'薄海内外，无如徽之黄山，登黄山天下无山，观止矣！'"。民国年间，歙县人汪鞠卣在《黄山杂记》中曾据徐霞客诗意归纳出："昔人谓五岳归来不看山，余谓游过黄山不看岳。"从此，"五岳归来不看山，黄山归来不看岳"一语在民间广为流传。

从书画艺术来看，黄山孕育了中国山水画的一个重要画派——"黄山画派"。明末清初，石涛、梅清、渐江等具有鲜明个性和艺术风格的画家，以黄山为师，从黄山山水中不断汲取灵感，丰富自己的艺术创作，在画坛独树一帜，长盛不衰，影响深远。近现代以来，黄宾虹、潘天寿、贺天健、张大千等一批大家均继承了"黄山画派"的风格，给后人留下了成千上万幅艺术作品，为"黄

◎ 图 14.1

◎ 图 14.1
黄山黄海松石
（清 渐江）

山画派"的发展和延续做出了杰出的贡献。
"黄山画派"对中国山水画的发展产生了重大的影响，其作品是研究中国文化、中国画史的重要资料。

　　黄山有着大量的历史文化古迹。古寺、古庙、古庵、古阁、古亭、古关等近百座，其中著名的有祥符寺、翠微寺、慈光阁、汤岭关等。黄山的登山古道初始于唐代，形成于明清，发展于民国，完善于当代。以天海为中心，分为东、西、南、北4条主干道，辅以支道连接，形成贯通各景区景点的盘道网络，4条登山古道总长约40千米，有石阶2.6万余级。另外还有数量众多的摩岩石刻，现存历代摩崖石刻270多处，其中碑刻40多处，以温泉、北海和玉屏楼景区最多，多出自历代名家手笔。

◎ 图 14.4

◎ 图 14.2

◎ 图 14.3

◎ 图 14.5

14.1.2　天柱山的人文历史与传说

天柱山因主峰如"擎天一柱"而得名。在春秋时期，潜山曾经是古皖国的封地，皖国的首代国君称为皖伯大夫，他以仁政治理皖国，贤明德政，深得爱戴，被后人尊称为"皖公"，天柱山也因此被称为皖公山，又叫皖山，安徽简称"皖"就源于此。公元前106年，汉武帝登礼天柱山，号曰"南岳"。到589年，隋文帝为了开拓南疆，改封湖南衡山为南岳，故天柱山被后人尊称为"古南岳"。

天柱山为古皖文化荟萃地，人文景观博大精深。天柱山钟灵毓秀，吸引着众多的文人墨客达官显宦前来造访，留下了诸多诗词曲赋，如李白的"奇峰出奇云，秀木含秀气""待吾还丹成，投迹归此地"、白居易的"天柱一峰擎日月，洞门千仞锁云雷"、苏东坡的"平生爱舒州风土，欲居为终老之计"。其中"天柱一峰擎日月，洞门千仞锁云雷"成为赞颂天柱山的千古佳句。"无山不石刻，有刻皆名山。"从天柱山石牛古洞到马祖庵，从虎头崖到天柱之巅，从九井河畔到南天门，到处都是古圣先贤的题刻。在这其中，石牛古洞内的山谷流泉摩崖石刻，在不到300米长的石壁上，汇集了唐、宋、元、明、清、民国、现

◎ 图 14.6

◎ 图 14.7

◎ 图 14.8

代共 400 余幅石刻，以其数量之多、密度之大、品位之高、年代之久而列各景区石刻之冠，真正是一条艺术的长廊，被国务院列为国家重点文物保护单位。

天柱山是佛、道两家的"洞天福地"。道家将天柱山列为中国名山三十六洞天之十四，曾称其为五大镇山之中镇；佛教禅宗二祖、三祖曾在此往来驻锡。佛教代表性建筑为三祖寺和佛光寺（马祖庵）。三祖寺于 1982 年被国务院列为汉族地区 142 所重点寺庙之一。道教代表性建筑有真源宫和祚宫，现皆仅存遗址。

◎ 图 14.7
天柱山摩崖石刻（一）
（天柱山地质公园管委会　供图）

◎ 图 14.8
天柱山摩崖石刻（二）
（天柱山地质公园管委会　供图）

◎ 图 14.9
九华山寺庙
（九华山地质公园管委会　供图）

14.1.3　九华山的人文历史与传说

　　九华山古称陵阳山、九子山，为中国佛教四大名山之一，素有"东南第一山"之称，传说因李白的诗句"妙有分二气，灵山开九华"成了九华山的"定名篇"，从而更名为"九华山"。

　　九华山以地藏菩萨道场驰名天下，享誉海内外。受地藏菩萨"众生度尽，方证菩提，地狱未空，誓不成佛"的宏愿感召，自唐代以来，寺院日增，僧众云集，香火之盛甲于天下。九华山现存寺庙99座，其中化城寺、祇园寺、肉身宝殿等国家级重点保护寺庙9座，省级重点保护寺庙30座；有僧尼600余人、佛像6300余尊。长期以来，各大寺庙佛事频繁，晨钟暮鼓，梵音袅袅，朝山礼佛的教徒信众络绎不绝。九华山历代高僧辈出，从唐代至今自然形成了15尊肉身，在气候常年湿润的自然条件下，肉身不腐已成为生命科学之谜，引起了社会广泛关注，更为九华山增添了一分庄严神秘的色彩。

　　九华山文化底蕴深厚。晋唐以来，陶渊明、李白、费冠卿、杜牧、苏东坡、王安石等文坛大儒游历于此，吟诵出一首首千古绝唱，黄宾虹、张大千、刘海粟、李可染等丹青巨匠挥毫泼墨，留下了一幅幅传世佳作。唐代大诗人李白写下了赞美九华山的不朽诗篇"昔在九江上，遥望九华峰。天河挂绿水，秀出九芙蓉"；唐代刘禹锡赞其"奇峰一见惊魂魄""九峰竞秀，神采奇异"；北宋王安石誉之为"楚越千万山，雄奇此山兼。盘根虽巨壮，其末乃修纤"；南宋诗人范成大品评江南名山，深以为"最号奇秀者，莫如池之九华、歙之黄山"等。九华山现存文物2000多件，118余处名人摩崖石刻、碑刻，历代名人雅士的诗词歌赋500多篇，书院、书堂遗址20多处。其中唐代《贝叶经》、明代《大藏经》《血经》以及明万历皇帝圣旨和清康熙、乾隆墨迹等堪称稀世珍宝。

◎ 图 14.9

14.2 岩溶地貌与人文历史

14.2.1 磐云山的人文历史与传说

灵璧磐云山因出产灵璧石而闻名。远在 3000 多年前的商朝就取灵璧磐石作特磬，在我国古代文化史中占有重要的历史地位。宋代诗人方岩曾写了一首长诗《灵璧磐石歌》，开头就赞美"灵璧一石天下奇""声如青铜色如玉"。灵璧石在北宋时作为贡品向朝廷进献，它与英石、太湖石、昆石同被誉为"中国四大名石"，且被推崇为四大名石之首。灵璧石造型奇巧，千姿百态，具有皱、瘦、漏、透、丑的外形，在青黑色基调映衬下，或如黄河石沉稳古雅，或如雨花石斑斓绚丽，美不胜收。

◎ 图 14.10

玉振金声，余音悠长。灵璧磐石在古代不但被皇家用来制作乐器，一些文人墨客也以收藏灵璧磐石为风雅。明清以来，灵璧制磬工人在编磬的制作基础上发展出了多种多样的镂空雕花磬，可用来挂在宫阙、寺院等高大建筑物上作装饰，或作客厅、书斋的摆设。

◎ 图 14.11

14.2.2 八公山的人文历史与传说

淮南八公山古称北山、泚陵、紫金山，因汉淮南王刘安及"八公"修得正果白日升天而得名。淮南王刘安尚文重才，广招天下贤达饱学之士 3000 多人，编著了一代名书《淮南子》，第一次整理编定了二十四节气，发明了名扬四海的美食——豆腐。"一人得道、鸡犬升天"也因此而广为流传，王安石《八公山》诗云："淮山但有八公名，鸿宝烧金竟不成。身与仙人守都厕，可能鸡犬得长生。"

八公山是我国古代楚汉文化的重要发祥地之一，又因所处"中州咽喉，江南屏障"的重要位置，历史上战事频繁，遗存丰富。吕圣山为淝水之战古战场遗址，淝水之战是著名的以少胜多的战例，成语"风声鹤唳""草木皆兵""投鞭断流"皆出于此。汉淮南王宫、白塔寺、白塔、茅仙洞、老君庙、奶奶庙、淮南王墓、廉颇墓等皆分布于此。

◎ 图 14.12

◎ 图 14.13

◎ 图 14.14

14.2.3 琅琊山的人文历史与传说

琅琊山文化渊源久远,滁州琅琊山的山名因东晋元帝司马睿的王号而得名。自唐宋以来李幼卿、韦应物、欧阳修、辛弃疾、王安石、梅尧臣、曾巩、宋濂、文征明、薛时雨等历代文人墨客、达官显贵都曾来此开发山川、建寺造亭、赋诗题咏,留下大量优秀的文化遗产。琅琊山自北宋大文豪欧阳修开酿泉、建醉翁亭、著《醉翁亭记》以后,名扬四方。出自欧阳修名篇《醉翁亭记》的"环滁皆山也。其西南诸峰,林壑尤美。望之蔚然而深秀者,琅琊也""醉翁之意不在酒,在乎山水之间也"等已成了妇孺皆知的名言典故。

琅琊山名胜古迹遍布,素有"蓬莱之后无别山"的美誉。其中始建于唐代的琅琊寺为皖东著名佛寺,也是全国重点寺观之一。始建于宋代的醉翁亭因欧阳修所著《醉翁亭记》一文而闻名遐迩,被誉为"天下第一亭"。始建于宋代的丰乐亭和明代的影香亭、古梅亭、意在亭、宝宋斋及南天门、碧霞宫、无梁殿等名亭、古刹与古驿道、碑、碣、摩崖碑刻等相得益彰,见证了琅琊山悠久的历史。

◎ 图 14.15

◎ 图 14.15
琅琊山醉翁亭

◎ 图 14.16
太极洞洞口匾额

◎ 图 14.17
太极洞摩崖石刻

14.2.4　太极洞的人文历史与传说

广德太极洞古称长乐洞，据史料记载，自汉唐以来，便有文人雅士、达官贵人等游人踪迹，他们在太极洞天壁上和洞内石刻上留下了珍贵的墨宝华章。北宋范仲淹留有墨宝"莛然岩"。明代广德知州吴同春所题"太极洞"匾额至今仍清晰完好。明代广德知州朱麟在洞内留下"二仪攸分""同云别境""廻步峡"等数块墨宝。在石龙山前园区太极天壁，摩崖石刻随处可见，皆古今书法家题刻。石刻字体各殊，内容各异，足可玩味。太极天壁长约200余米，沿路步步有景。著名的有天游亭、一览亭、吕蒙晒书处、乾隆弈棋处、岳飞试剑石、岳飞题壁记、观音岩、"天下四绝"之一的摩崖石刻等。太极洞壮观、险峻、绚丽、神奇，集天下溶洞之大成，被旅游家们誉为"江南第一洞"，这些充分说明了太极洞有着悠久的历史和丰富的传统文化。

◎ 图 14.16

◎ 图 14.17

14.3 丹霞地貌与人文历史

休宁齐云山古称白岳。因"一石插天，直入云汉"，故名"齐云"。相传乾隆皇帝下江南，赞齐云山为"天下无双胜境，江南第一名山"。

据明代《齐云山志》载，明代戏曲家汤显祖有诗句"欲识金银气，多从黄白游。一生痴绝处，无梦到徽州"，其中的"白"指的就是白岳。齐云山与黄山南北相望，风景绮丽，各具特色，历史上有"黄山白岳甲江南"之称。明代李

◎ 图 14.19

汛《游齐云山记》云："新安多佳山，而齐云岩与黄山为最。"齐云之奇，不减黄山，"恢怪神诡，足与争雄"。古人多以白岳对比黄山："白岳黄山相对峙，细看从来无厌时。"

齐云山是道家的"桃源洞天"，与湖北武当山、四川青城山、江西龙虎山同称"中国四大道教名山"。齐云山道教历史源远流长，自唐乾元年间（758～760年）道人龚栖霞来山传教，至今已有1260多年。明嘉靖二年（1523年）世宗皇帝敕命赐山名为齐云山，并立龙虎山正一派张彦天师主持全山，促使齐云山迅速发展，盛况不亚于龙虎山和武当山。历代修建有太素宫、三元宫、玉虚宫、静乐宫、无量寿佛宫等庵堂祠庙30多处。

齐云山为道家洞天福地，吸引了历代文人雅士，如李白、朱熹、徐霞客、唐寅、戚继光、乾隆皇帝、郁达夫、海瑞、曾国藩等，都在这里留下了众多书画、游记和诗词，其中许多精品被历代工匠镌于丹崖赤壁和石碑之上。石刻始于北宋大中祥符年间，明清为最。这些石刻流派纷呈，风格各异，正、草、隶、篆、行书各体兼备。据安徽省文物部门普查，全山尚存崖刻305处、碑刻232块、古石坊7座、石雕造像200余尊，这在江南各名山中可谓是首屈一指。

◎ 图 14.18

14.4　火山地貌与人文历史

枞阳浮山又名浮渡山，因濒临白荡湖畔，三面环水，形成了"山浮水面水浮山"的奇观，故名浮山，也号称"水山绿叶"，拥有极其丰富的人文历史和人文景观。浮山是一座文化名山，自晋梁以后，大量的文人墨客如孟郊、白居易、王安石、欧阳修、范仲淹、王阳明、黄庭坚等名流雅士纷至沓来。他们或咏诗作赋，或唱酬题刻，在浮山积淀了深厚的文化内涵。"鬼斧何年开石室，人行此地作金声。山中信是神仙宅，不羡繁华浪得名。"这是唐代著名诗人孟郊在游览浮山后写下的诗句。浮山摩崖石刻现存483块，文体各异，书法万千，上至唐宋，下至民国，字数少则2字，多有千字，数量之多，分布之密，在全国名山中亦属少见。浮山孕育了明清时期以著名的思想家、科学家方以智为代表的中国最大的家族学派——"方氏学派"，孕育了清代独领风骚的文学流派——"桐城派"，还孕育了现代美学大师朱光潜及革命家、军事家、外交家黄镇等一批历史文化名人。

浮山又是一座佛教名山，有寺庙8座，现存6座。远在晋梁时期，智𫖮大师创建浮山寺，北宋法远禅师与欧阳修"因棋说法"传为美谈。宋仁宗敕赐大华严寺，明神宗颁圣旨、赐藏经。这些足以见证浮山佛教文化的久远流长和繁荣昌盛。

◎ 图 14.20

◎ 图 14.18
齐云山玉虚宫
（齐云山地质公园管委会　供图）

◎ 图 14.19
齐云山摩崖石刻
（齐云山地质公园管委会　供图）

◎ 图 14.20
浮山摩崖石刻

天柱山

（黄俊英　摄）

第15章

地质遗迹评价

地质遗迹评价是对地质遗迹的科学价值、美学价值、稀有性、完整性等进行客观评价，确定其保护等级，为地质遗迹的保护管理和开发利用提供科学依据。

　　本书主要参考《地质遗迹调查规范》（DZ/T 0303—2017），对我省主要地质遗迹进行评价。

15.1 评价原则

《地质遗迹调查规范》中将地质遗迹类型划分为 3 大类 13 类 46 亚类。针对不同类型地质遗迹评价的侧重点和评价标准不同，主要从科学价值、美学价值、稀有性、完整性、保存程度和可保护性等方面进行相对重要性评价。基础地质类和地质灾害类地质遗迹侧重评价其科学价值，地貌景观类地质遗迹侧重评价其观赏价值。

15.2 评价内容

地质遗迹的科学价值和美学价值评价包括科学性、稀有性、完整性、美学性、保存程度、可保护性 6 个方面的内容。

科学性：评价地质遗迹对于科学研究、地学教育、科学普及等方面的作用和意义。

稀有性：评价地质遗迹的科学涵义和观赏价值在国际、国内或省内稀有程度和典型性。

完整性：评价地质遗迹所揭示的某一地质演化过程的完整程度。

美学性：评价地质遗迹的优美性、视觉舒适性和冲击力。

保存程度：评价地质遗迹点保存的完好程度。

可保护性：评价影响地质遗迹保护的外界因素的可控程度。

15.3 评价方法

对于安徽地质遗迹的评价，本书采取专家鉴评的方式。通过邀请省内地层古生物、地质构造、地貌景观领域的专家，依据地质遗迹评价标准，以查阅调查资料、集体讨论的方式，对我省主要地质遗迹进行综合评价，确定评价等级。

15.4 评价标准

地质遗迹分为Ⅰ级（世界级）、Ⅱ级（国家级）和Ⅲ级（省级）。

Ⅰ级（世界级）：

a) 能为全球演化过程中的某一重大地质历史事件或演化阶段提供重要地质证据的地质遗迹；

b) 具有国际地层（构造）对比意义的典型剖面、化石产地及矿产地；

c) 具有国际典型地学意义的地质地貌景观或现象。

Ⅱ级（国家级）：

a) 能为一个大区域演化过程中的某一重大地质历史事件或演化阶段提供重要地质证据的地质遗迹；

b) 具有国内大区域地层（构造）对比意义的典型剖面、化石产地及矿产地；

c) 具有国内典型地学意义的地质地貌景观或现象。

Ⅲ级（省级）：

a) 能为区域地质历史演化阶段提供重要地质证据的地质遗迹；

b) 有区域地层（构造）对比意义的典型剖面、化石产地及矿产地；

c) 在地学分区及分类上，具有代表性或较高历史、文化、旅游价值的地质地貌景观。

15.5 评价结果

经过专家鉴评，本书对全省237处地质遗迹点进行了分类分级，共3大类11类33亚类，其中世界级地质遗迹18处，国家级地质遗迹98处，省级地质遗迹121处（表15.1），各重要地质遗迹类型评价依据和鉴评等级详见表15.2。

表15.1　安徽重要地质遗迹鉴评统计

地质遗迹类型			地质遗迹鉴评级别			
大类	类	亚类	世界级	国家级	省级	小计
基础地质大类	地层剖面	全球层型剖面	1	—	—	1
		层型典型剖面	2	7	8	17
	岩石剖面	侵入岩剖面	—	—	2	2
		火山岩剖面	—	—	10	10
		变质岩剖面	—	—	5	5
	构造剖面	褶皱与变形	1	1	1	3
		断裂	1	1	—	2
	重要化石产地	古人类化石产地	—	4	—	4
		古生物群化石产地	1	1	2	4
		古植物化石产地	1	—	—	1
		古动物化石产地	2	3	5	10
		古生物遗迹化石产地	—	1	—	1

大类	类	亚类	世界级	国家级	省级	小计
基础地质大类	重要岩矿石产地	典型矿床	1	3	8	12
		典型矿物岩石产地	4	2	7	13
		矿业遗址	—	8	1	9
地貌景观大类	岩土体地貌	岩溶地貌	—	10	13	23
		花岗岩地貌	3	6	7	16
		碎屑岩地貌	—	4	8	12
		变质岩地貌	—	2	2	4
	水体地貌	河流	—	3	2	5
		湖泊	—	3	3	6
		湿地	1	22	—	23
		瀑布	—	5	1	6
		泉	—	3	9	12
	火山地貌	火山机构	—	2	8	10
		火山岩地貌	—	2	1	3
	构造地貌	飞来峰	—	—	4	4
		构造窗	—	—	1	1
		峡谷	—	3	8	11
地质灾害大类	地震遗迹		—	—	2	2
	地质灾害	崩塌	—	1	1	2
		滑坡	—	—	1	1
		泥石流	—	—	1	1
		地面沉降	—	1	—	1
合计			18	98	121	237

239

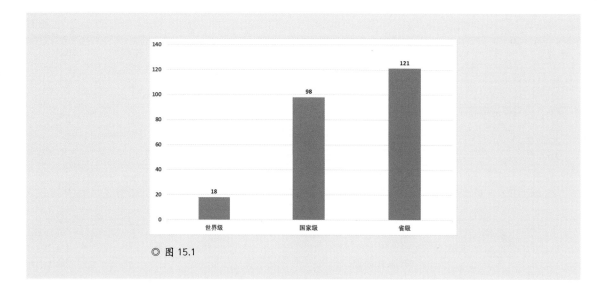

◎ 图 15.1

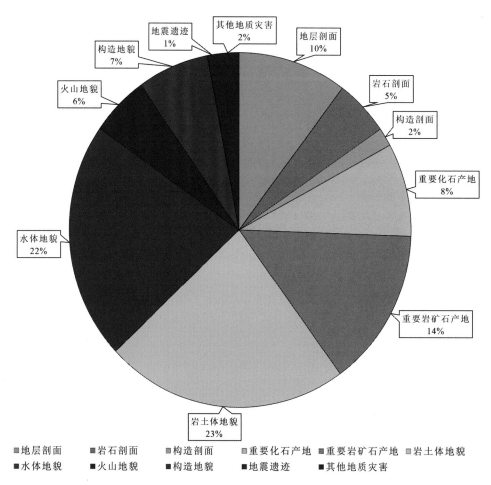

◎ 图 15.2

表 15.2　安徽重要地质遗迹一览表（截至 2023 年 3 月）

序号	地质遗迹名称	评价依据	鉴评等级	保护现状
1	寿县店疙瘩刘老碑组剖面	层型剖面	国家级	未保护
2	休宁县蓝田剖面	层型剖面	国家级	国家级重点保护古生物化石产地
3	淮南市猴家大山猴家山组剖面	层型剖面	省级	未保护
4	宿州市夹沟剖面	典型剖面	省级	未保护
5	凤台县放牛山凤台组剖面	层型剖面	省级	未保护
6	淮南市土坝孜剖面	层型剖面	省级	未保护
7	滁州市琅琊山剖面	层型剖面	国家级	国家森林公园，国家级风景名胜区，国家 AAAA 级旅游景区，全国重点文物保护单位
8	宁国市皇墓滥泥坞奥陶系剖面	层型剖面	国家级	项目保护
9	池州市和龙山组剖面	层型剖面	国家级	未保护
10	巢湖市晚古生代剖面	典型剖面	国家级	国家级风景名胜区
11	巢湖市平顶山西剖面	全球层型剖面（候选）	世界级	国家级风景名胜区，国家级重点保护古生物化石产地
12	巢湖市马家山剖面	层型剖面	世界级	国家级风景名胜区，国家级重点保护古生物化石产地
13	南陵县丫山南陵湖组剖面	层型剖面	国家级	国家地质公园
14	肥西县防虎山何老庄剖面	层型剖面	省级	未保护
15	肥西县周公山剖面	层型剖面	省级	未保护
16	歙县鸡母山剖面	层型剖面	省级	未保护
17	休宁县齐云山剖面	层型剖面	省级	国家地质公园
18	潜山市望虎墩－痘姆剖面	层型剖面	世界级	世界地质公园，国家级重点保护古生物化石产地
19	黄山复式岩体剖面	典型侵入岩剖面	省级	世界地质公园，国家森林公园，国家级风景名胜区，国家 AAAAA 级旅游景区
20	九华山复式岩体剖面	典型侵入岩剖面	省级	世界地质公园，国家森林公园，国家级风景名胜区，国家 AAAAA 级旅游景区
21	当涂县鲁家村剖面	典型火山岩剖面	省级	未保护
22	马鞍山市西板桥剖面	典型火山岩剖面	省级	未保护
23	马鞍山市杨店桐子山－山边村剖面	典型火山岩剖面	省级	未保护

序号	地质遗迹名称	评价依据	鉴评等级	保护现状
24	马鞍山市娘娘山 – 荣村剖面	典型火山岩剖面	省级	未保护
25	庐江县龙桥镇龙门院组剖面	典型火山岩剖面	省级	未保护
26	庐江县矾山镇砖桥组剖面	典型火山岩剖面	省级	未保护
27	庐江县矾山镇双庙组剖面	典型火山岩剖面	省级	未保护
28	枞阳县浮山组剖面	典型火山岩剖面	省级	国家地质公园，国家森林公园
29	六安市毛坦厂组剖面	典型火山岩剖面	省级	未保护
30	黄山市屯溪组剖面	典型火山岩剖面	省级	未保护
31	五河县五河岩群剖面	典型变质岩剖面	省级	未保护
32	大别岩群剖面	典型变质岩剖面	省级	未保护
33	宿松县宿松岩群剖面	典型变质岩剖面	省级	未保护
34	滁州市张八岭岩群剖面	典型变质岩剖面	省级	未保护
35	霍山县佛子岭岩群剖面	典型变质岩剖面	省级	未保护
36	大别碰撞造山带	全球构造事件	世界级	世界地质公园，国家森林公园，国家级风景名胜区，国家 AAAAA 级旅游景区
37	郯庐断裂带	全球构造事件	世界级	未保护
38	歙县伏川蛇绿岩套	构造事件	国家级	未保护
39	磨子潭 – 晓天断裂	构造单元边界断裂	国家级	未保护
40	怀宁县洪镇变质核杂岩构造	区域典型构造	省级	未保护
41	淮南生物群化石产地	代表新元古代早期海洋中生物面貌	国家级	国家地质公园，国家森林公园，国家 AAAA 级旅游景区
42	皖北叠层石化石产地	代表晚新元古代原始微生物生态系统	国家级	未保护
43	休宁县蓝田生物群产地	多细胞宏体生物生命进化历程的见证	世界级	国家级重点保护古生物化石产地
44	休宁县西递海绵生物群化石产地	代表早寒武世以底栖固着和滤食性方式生活的动物群	省级	未保护
45	宁国市笔石动物群化石产地	种类繁多、保存良好的笔石化石产地	国家级	项目保护

序号	地质遗迹名称	评价依据	鉴评等级	保护现状
46	广德市新杭化石森林产地	亚洲目前最早的化石森林	世界级	项目保护
47	巢湖市巢湖动物群化石产地	世界上重要的早三叠世海生脊椎动物群化石产地	世界级	国家级风景名胜区，国家级重点保护古生物化石产地
48	无为县百胜巢湖鱼龙化石产地	重要的巢湖龙化石产地	国家级	未保护
49	歙县鸡母山恐龙化石产地	安徽黄山龙、地博安徽龙及恐龙蛋产地	省级	未保护
50	黄山市择树下恐龙化石产地	安徽第一只恐龙岩寺皖南龙发现地	省级	未保护
51	黄山市新潭恐龙化石产地	发现恐龙骨骼化石	省级	未保护
52	休宁县齐云山恐龙化石产地	恐龙足迹、蛋、骨骼化石三位一体	国家级	国家地质公园，国家森林公园，国家级风景名胜区
53	黄山市太平湖恐龙蛋化石产地	8窝"鸭嘴龙"蛋、"肿头龙"蛋产地	省级	未保护
54	黄山市岩塘生物群化石产地	安徽热河生物群产地	省级	未保护
55	潜山市哺乳动物群化石产地	47种古新世哺乳动物化石产地	世界级	世界地质公园，国家级重点保护古生物化石产地
56	淮河古菱齿象化石产地	淮河流域广泛分布古菱齿象化石	省级	未保护
57	芜湖市繁昌人字洞古人类活动遗址	距今240~200万年古人类活动遗址	国家级	全国重点文物保护单位
58	和县龙潭洞直立人遗址	距今41.2~15万年直立人遗址	国家级	全国重点文物保护单位
59	东至县华龙洞直立人遗址	距今33.1~27.5万年直立人遗址	国家级	全国重点文物保护单位
60	巢湖市银山智人遗址	距今30~20万年早期智人遗址	国家级	全国重点文物保护单位
61	淮北煤田	全国重要煤矿产地	国家级	未保护
62	淮南煤田	全国重要煤矿产地	国家级	未保护
63	马鞍山市姑山铁矿	省内重要铁矿产地	省级	未保护
64	霍邱县张庄铁矿	省内重要铁矿产地	省级	未保护

序号	地质遗迹名称	评价依据	鉴评等级	保护现状
65	霍邱县李老庄沉积变质型铁矿	省内重要铁矿产地	省级	未采
66	庐江县泥河潜火山气液型铁矿	省内重要铁矿产地	省级	未采
67	铜陵市冬瓜山矽卡岩型铜矿	省内重要铜矿产地	省级	未保护
68	金寨县沙坪沟典型斑岩型钼矿	世界级钼矿床	世界级	未采
69	祁门县东源钨（钼）矿	省内重要钼矿床	省级	未采
70	南陵县姚家岭热液型铅锌矿	省内重要铅锌矿床	省级	未采
71	凤阳县石英岩矿产地	省内重要非金属矿产地	省级	未保护
72	宿州市栏杆金刚石矿产地	金刚石矿新类型	国家级	未保护
73	潜山市新店含金刚石榴辉岩产地	全球变质岩中的第2例，榴辉岩中的首例	世界级	世界地质公园
74	潜山市韩长冲榴辉岩产地	扬子陆块与华北陆块的碰撞遗迹	世界级	世界地质公园
75	潜山新建硬玉石英岩产地	全球规模最大的硬玉石英岩带	世界级	世界地质公园
76	岳西县碧溪岭榴辉岩产地	全球第3例柯石英发现地	世界级	世界地质公园
77	霍山县龚家岭红刚玉产地	重要红宝石产地	省级	未保护
78	金寨县沙河大别山玉产地	大别山石英质玉产地	省级	未保护
79	黄山市黄山石英质玉产地	石英质玉产地	省级	未保护
80	池州市九华玉产地	大理岩质玉产地	省级	未保护
81	岳西县店前河菜花玉产地	蛇纹石化大理岩产地	省级	未保护
82	绩溪县鸡血石产地	鸡血石产地	省级	未保护
83	马鞍山市笔架山绿松石矿产地	中国著名的绿松石产地	省级	未保护
84	灵璧县磬云山灵璧石产地	中国四大名石之首产地	国家级	国家地质公园
85	歙县歙砚产地	中国四大名砚之一产地	国家级	未保护
86	淮北煤矿采矿遗址	国内重要采煤遗址	国家级	国家矿山公园
87	淮南市大通矿山遗址	国内重要采煤遗址	国家级	国家矿山公园
88	广德市长广煤田遗址	国内重要采煤遗址	国家级	开发保护
89	铜陵市铜官山采矿遗址	自唐代以来重要铜矿开采遗址	国家级	国家矿山公园

序号	地质遗迹名称	评价依据	鉴评等级	保护现状
90	铜陵市金牛洞古采矿遗址	春秋至西汉时的古铜矿遗址	国家级	全国重点文物保护单位
91	南陵县大工山古铜矿冶炼遗址	开采时间长达两千年的铜矿遗址	国家级	全国重点文物保护单位
92	马鞍山市凹山铁矿遗址	国内最大露天采矿遗址之一	国家级	未保护
93	庐江县矾山古钒矿遗址	自唐代集采掘、冶炼于一体的钒矿遗址	省级	开发保护
94	黄山市花山迷窟古采矿遗址	自西晋人工开凿的建筑砂岩遗址	国家级	国家级风景名胜区，国家 AAAA 级旅游景区，省级重点文物保护单位
95	黄山市黄山花岗岩地貌	世界花岗岩地貌典型代表	世界级	世界地质公园，国家森林公园，国家级风景名胜区，国家 AAAAA 级旅游景区
96	潜山市天柱山花岗岩地貌	世界花岗岩地貌典型代表	世界级	世界地质公园，国家森林公园，国家级风景名胜区，国家 AAAAA 级旅游景区
97	池州市九华山花岗岩地貌	世界花岗岩地貌典型代表	世界级	世界地质公园，国家森林公园，国家级风景名胜区，国家 AAAAA 级旅游景区
98	祁门县 – 石台县牯牛降花岗岩地貌	国内花岗岩地貌典型代表	国家级	国家地质公园，国家级自然保护区，国家 AAAA 级旅游景区
99	金寨县天堂寨花岗岩地貌	大别山区代表性花岗岩地貌	国家级	国家地质公园，国家森林公园，国家级自然保护区，国家 AAAAA 级旅游景区
100	霍山县白马尖花岗岩地貌	大别山区代表性花岗岩地貌	国家级	国家地质公园，国家 AAAA 级旅游景区
101	舒城县万佛山花岗岩地貌	大别山区代表性花岗岩地貌	国家级	国家地质公园，国家森林公园，国家 AAAA 级旅游景区
102	霍山县铜锣寨花岗岩地貌	大别山区代表性花岗岩地貌	国家级	国家地质公园，国家 AAAA 级旅游景区
103	岳西县驮尖花岗岩地貌	大别山区代表性花岗岩地貌	国家级	未保护
104	岳西县妙道山花岗岩地貌	大别山区代表性花岗岩地貌	省级	国家森林公园，国家 AAAA 级旅游景区
105	岳西县司空山花岗岩地貌	大别山区代表性花岗岩地貌	省级	国家 AAA 级旅游景区
106	岳西县明堂山花岗岩地貌	大别山区代表性花岗岩地貌	省级	国家 AAAA 级旅游景区

序号	地质遗迹名称	评价依据	鉴评等级	保护现状
107	岳西县红岩山花岗岩地貌	大别山区代表性花岗岩地貌	省级	未保护
108	绩溪县百丈岩花岗岩地貌	皖南山区代表性花岗岩地貌	省级	国家 AAAA 级旅游景区
109	绩溪县仙人谷－龙须山花岗岩地貌	皖南山区代表性花岗岩地貌	省级	未保护
110	蚌埠市荆山涂山花岗岩地貌	皖北地区罕见的花岗岩地貌	省级	国家 AAAA 级旅游景区
111	广德市太极洞岩溶地貌	国内著名地下喀斯特地貌	国家级	国家地质公园，国家级风景名胜区
112	广德市桃姑洞岩溶地貌	国内著名地下喀斯特地貌	国家级	国家地质公园
113	凤阳县韭山洞岩溶地貌	国内著名地下喀斯特地貌	国家级	国家地质公园，国家森林公园
114	凤阳县狼巷迷谷岩溶地貌	国内著名地表喀斯特地貌	国家级	国家地质公园
115	南陵县丫山岩溶地貌	国内著名喀斯特地貌	国家级	国家地质公园
116	石台县蓬莱仙洞岩溶地貌	省内知名地下喀斯特地貌	国家级	国家地质公园，国家 AAAA 级旅游景区
117	石台县鱼龙洞岩溶地貌	省内知名地下喀斯特地貌	国家级	国家地质公园，国家 AAAA 级旅游景区
118	石台县慈云洞岩溶地貌	省内知名地下喀斯特地貌	国家级	国家地质公园，国家 AAAA 级旅游景区
119	淮南市八公山岩溶地貌	国内著名地表喀斯特地貌	国家级	国家地质公园，国家森林公园，国家 AAAA 级旅游景区
120	灵璧县磬云山岩溶地貌	国内著名地表喀斯特地貌	国家级	国家地质公园
121	含山县褒禅山华阳洞岩溶地貌	省内知名地下喀斯特地貌	省级	省级地质公园，国家 AAAA 级旅游景区
122	池州市大王洞岩溶地貌	省内知名地下喀斯特地貌	省级	国家 AAAA 级旅游景区
123	巢湖市紫微洞岩溶地貌	省内知名地下喀斯特地貌	省级	国家 AAAA 级旅游景区
124	宣城市龙泉洞岩溶地貌	省内知名地下喀斯特地貌	省级	国家 AAAA 级旅游景区
125	巢湖市仙人洞岩溶地貌	省内知名地下喀斯特地貌	省级	开发保护
126	东至县三条岭岩溶地貌	省内知名地表喀斯特地貌	省级	未保护
127	池州市齐山岩溶地貌	省内知名地表喀斯特地貌	省级	国家级风景名胜区，国家 AAAA 级旅游景区

序号	地质遗迹名称	评价依据	鉴评等级	保护现状
128	宁国市山门岩溶地貌	省内知名地下喀斯特地貌	省级	未保护
129	池州市清源山岩溶地貌	省内知名地表喀斯特地貌	省级	国家 AAAA 级旅游景区
130	黄山市洞天湾岩溶地貌	省内知名喀斯特地貌	省级	未保护
131	宿松县小孤山岩溶地貌	省内知名地表喀斯特地貌	省级	未保护
132	黄山市神仙洞岩溶地貌	省内知名地下喀斯特地貌	省级	未保护
133	黟县西递石林岩溶地貌	省内知名地表喀斯特地貌	省级	未保护
134	休宁县齐云山丹霞地貌	国内著名丹霞地貌，道教圣地	国家级	国家地质公园，国家级风景名胜区，国家 AAAA 级旅游景区
135	六安市皖西大裂谷丹霞地貌	国内著名丹霞地貌	国家级	国家地质公园
136	六安市嵩寮岩丹霞地貌	国内著名丹霞地貌	国家级	国家地质公园
137	六安市张店石窟丹霞地貌	国内著名丹霞地貌	省级	国家 AAAA 级旅游景区
138	歙县搁船尖碎屑岩地貌	国内罕见的硅质岩墙景观	国家级	国家 AAA 级旅游景区
139	宁国市夏霖碎屑岩地貌	省内知名硅质岩地貌	省级	开发保护
140	绩溪县小九华碎屑岩地貌	省内知名硅质岩地貌	省级	未保护
141	石台县仙寓山碎屑岩地貌	省内知名砂岩地貌，富硒地区	省级	国家 AAAA 级旅游景区
142	马鞍山市采石矶碎屑岩地貌	省内知名砂岩地貌	省级	国家 AAAA 级旅游景区
143	宁国市宁墩碎屑岩地貌	省内知名硅质岩地貌	省级	未保护
144	宁国市石柱山碎屑岩地貌	省内知名硅质岩地貌	省级	国家 AAA 级旅游景区
145	黟县打鼓岭碎屑岩地貌	省内知名硅质岩地貌	省级	国家 AAAA 级旅游景区
146	六安市东石笋变质岩地貌	国内著名变质岩地貌	国家级	国家地质公园，国家 AAAA 级旅游景区
147	霍山县佛子岭变质岩地貌	国内著名变质岩地貌	国家级	国家地质公园，国家水利风景区，国家 AAAA 级旅游景区
148	霍山县仙人冲变质岩地貌	省内知名变质岩地貌	省级	未保护
149	宿松县严恭山变质花岗岩地貌	省内知名变质岩地貌	省级	未保护
150	长江安徽段	国内著名河流	国家级	未保护
151	淮河安徽段	国内著名河流	国家级	未保护

序号	地质遗迹名称	评价依据	鉴评等级	保护现状
152	新安江安徽段	国内著名河流	国家级	未保护
153	凤台县茅仙洞淮河河流地貌	省内知名河流地貌	省级	国家 AAA 级旅游景区
154	砀山县古黄河河道	省内知名河流地貌	省级	省级自然保护区
155	巢湖	国内著名湖泊，安徽第一大湖	国家级	国家级风景名胜区，国家 AAAA 级旅游景区
156	舒城县万佛湖	国内著名湖泊	国家级	国家地质公园，国家 AAAAA 级旅游景区，国家水利风景区
157	当涂县石臼湖	国内著名湖泊	国家级	省级自然保护区
158	宿松县大官湖	省内著名湖泊	省级	未保护
159	安庆市泊湖	省内著名湖泊	省级	未保护
160	宿松县龙感湖	省内著名湖泊	省级	未保护
161	东至县升金湖湿地	世界著名湿地	世界级	国家级自然保护区
162	安徽扬子鳄保护区湿地	国内著名湿地	国家级	国家级自然保护区
163	黄山市太平湖	国内著名湿地	国家级	国家湿地公园，国家 AAAA 级旅游景区，国家水利风景区
164	休宁县横江国家湿地公园	国内著名湿地	国家级	国家湿地公园
165	桐城市嬉子湖国家湿地公园	国内著名湿地	国家级	国家湿地公园，国家 AAAA 级旅游景区
166	安庆市菜子湖国家湿地公园	国内著名湿地	国家级	国家湿地公园
167	潜山市潜水河国家湿地公园	国内著名湿地	国家级	国家湿地公园
168	泗县石龙湖国家湿地公园	国内著名湿地	国家级	国家湿地公园
169	蚌埠市三汊河国家湿地公园	国内著名湿地	国家级	国家湿地公园
170	淮南市焦岗湖国家湿地公园	国内著名湿地	国家级	国家湿地公园，国家水利风景区
171	太和县沙颍河国家湿地公园	国内著名湿地	国家级	国家湿地公园
172	阜阳市颍州西湖国家湿地公园	国内著名湿地	国家级	国家湿地公园
173	阜阳市泉水湾国家湿地公园	国内著名湿地	国家级	国家湿地公园
174	阜南县王家坝国家湿地公园	国内著名湿地	国家级	国家湿地公园，国家水利风景区

序号	地质遗迹名称	评价依据	鉴评等级	保护现状
175	界首市两湾国家湿地公园	国内著名湿地	国家级	国家湿地公园
176	利辛县西淝河国家湿地公园	国内著名湿地	国家级	国家湿地公园
177	池州市平天湖国家湿地公园	国内著名湿地	国家级	国家湿地公园，国家级风景名胜区
178	石台县秋浦河源国家湿地公园	国内著名湿地	国家级	国家湿地公园
179	合肥市董铺国家湿地公园	国内著名湿地	国家级	国家湿地公园
180	合肥市滨湖国家湿地公园	国内著名湿地	国家级	国家湿地公园
181	巢湖半岛国家湿地公园	国内著名湿地	国家级	国家湿地公园
182	肥西县三河国家湿地公园	国内著名湿地	国家级	国家湿地公园
183	六安市淠河国家湿地公园	国内著名湿地	国家级	国家湿地公园，国家水利风景区
184	金寨县天堂寨瀑布群	国内著名瀑布	国家级	国家地质公园，国家森林公园，国家级自然保护区，国家 AAAAA 级旅游景区
185	黄山九龙瀑	国内著名瀑布	国家级	世界地质公园，国家 AAAA 级旅游景区
186	黄山百丈瀑	国内著名瀑布	国家级	世界地质公园
187	黄山人字瀑	国内著名瀑布	国家级	世界地质公园
188	霍山县龙井峡瀑布	省内知名瀑布	国家级	国家地质公园
189	宁国市黑洞瀑布群	省内知名瀑布	省级	未保护
190	巢湖市半汤温泉	国内知名温泉，中国温泉之乡	国家级	开发保护
191	黄山温泉	国内知名温泉	国家级	世界地质公园，国家 AAAA 级旅游景区
192	庐江县东汤池温泉	国内知名温泉，中国温泉之乡	国家级	开发保护
193	和县香泉	省内知名温泉	省级	国家 AAAA 级旅游景区
194	岳西县汤池温泉	省内知名温泉	省级	国家 AAAA 级旅游景区
195	舒城县西汤池温泉	省内知名温泉	省级	开发保护
196	太湖县汤水湾温泉	省内知名温泉	省级	开发保护
197	金寨县西庄温泉	省内知名温泉	省级	开发保护

序号	地质遗迹名称	评价依据	鉴评等级	保护现状
198	含山县昭关温泉	省内知名温泉	省级	未保护
199	岳西县溪沸温泉	省内知名温泉	省级	开发保护
200	寿县珍珠泉	省内知名冷泉	省级	开发保护
201	怀远县白乳泉	省内知名冷泉	省级	开发保护
202	芜湖市繁昌马仁山火山岩地貌	国内著名火山岩地貌	国家级	国家地质公园，国家森林公园
203	绩溪县清凉峰火山岩地貌	国内著名火山岩地貌	国家级	国家级自然保护区
204	金寨县红石谷火山岩地貌	省内知名火山岩地貌	省级	国家地质公园，国家AAA级旅游景区
205	枞阳县浮山火山地貌	国内知名破火山口	国家级	国家地质公园，国家森林公园
206	明光市女山火山口	省内知名火山口	省级	省级地质公园
207	明光市小横山火山口	省内知名火山口	省级	未保护
208	明光市小嘉山火山口	省内知名火山口	省级	未保护
209	合肥市大蜀山火山地貌	省内知名火山机构	省级	国家森林公园，国家AAAA级旅游景区
210	肥西县小蜀山火山地貌	省内知名火山机构	省级	未保护
211	霍山县赵家凹锥状火山	省内知名火山机构	省级	未保护
212	六安市金子寨锥状火山	省内知名火山机构	省级	未保护
213	枞阳县七家山破火山口	省内知名火山机构	国家级	未保护
214	枞阳县柳峰山破火山口	省内知名火山机构	省级	未保护
215	金寨县燕子河大峡谷	大别山区代表性峡谷	国家级	国家地质公园，国家AAAA级旅游景区
216	绩溪县鄣山大峡谷	皖南山区代表性峡谷	省级	国家级自然保护区，国家AAAA级旅游景区
217	黟县五溪山峡谷	皖南山区代表性峡谷	省级	未保护
218	黄山西海大峡谷	世界著名峡谷	国家级	世界地质公园，国家森林公园，国家级风景名胜区，国家AAAAA级旅游景区
219	潜山市天柱大峡谷	国内著名峡谷	国家级	世界地质公园，国家森林公园，国家AAAA级旅游景区
220	青阳县九华峡谷	省内知名峡谷	省级	世界地质公园，国家森林公园，国家级风景名胜区，国家AAAAA级旅游景区

序号	地质遗迹名称	评价依据	鉴评等级	保护现状
221	黄山翡翠谷峡谷	省内知名峡谷	省级	国家 AAAA 级旅游景区
222	广德市灵山峡谷	省内知名峡谷	省级	国家 AAAA 级旅游景区
223	休宁县徽州峡谷	省内知名峡谷	省级	未保护
224	休宁县三溪峡谷	省内知名峡谷	省级	未保护
225	岳西县天峡峡谷	省内知名峡谷	省级	国家 AAAA 级旅游景区，国家水利风景区
226	徐淮推覆体黑峰岭飞来峰	大型推覆构造	省级	未保护
227	宿松县河西山推覆构造	大型推覆构造	省级	未保护
228	巢湖市银屏山推覆构造	大型推覆构造	省级	国家级风景名胜区
229	和县香泉推覆构造	大型推覆构造	省级	未保护
230	金寨县全军构造窗	大型推覆构造	省级	未保护
231	灵璧县磬云山震积岩遗迹	对古地震及古沉积环境研究具有指示作用	省级	国家地质公园
232	安庆市大龙山地震遗迹	保留了大量地震遗迹，科普价值较高	省级	国家森林公园
233	安庆市巨石山古崩塌遗迹	国内罕见的花岗岩崩塌地貌	国家级	国家 AAAA 级旅游景区
234	宁国市高峰山崩塌群遗迹	皖南山区代表性崩塌地貌	省级	项目保护
235	歙县皂汰古滑坡遗迹	皖南山区代表性滑坡	省级	国家 AAA 级旅游景区，项目保护
236	金寨县天堂寨泥石流遗迹	大别山区代表性泥石流遗迹	省级	国家地质公园，国家森林公园，国家级自然保护区，国家 AAAAA 级旅游景区
237	两淮煤矿塌陷遗迹	代表性煤田采矿塌陷	国家级	国家矿山公园

总计：世界级 18，国家级 98，省级 121

潜山哺乳动物群
化石产地徐大屋
保护点

（天柱山地质公园管
委会 供图）

第16章

地质遗迹保护现状及建议

自 1985 年建立第一个国家级地质自然保护区"天津蓟县中上元古界地层剖面"后，尤其是 2000 年以来，自然资源部（原国土资源部）通过地质公园体系建设来保护地质遗迹资源，我国地质遗迹保护工作得到了快速发展。截至 2022 年 12 月，我国已建立了 41 处世界地质公园，居世界首位，并建立了 281 处国家地质公园。

十八大以来，在习近平生态文明思想的引领下，我国正在实施以国家公园为主体的自然保护地体系建设，地质遗迹保护步入崭新阶段。各级地质公园、自然保护区、湿地公园、森林公园、风景名胜区等纳入自然保护地体系，进行统一管理、整体保护、综合治理。

安徽已建立了以地质公园保护为主，辅以自然保护区、湿地公园、森林公园、风景名胜区、重点保护古生物化石产地、矿山公园、重点文保单位等地质遗迹保护体系。自然资源管理部门投入了大量经费，开展了多项地质遗迹保护工程项目进行地质遗迹保护，取得了较好成效。目前，安徽 237 处重要地质遗迹已有 150 处纳入保护。

16.1 地质遗迹保护现状

1. 纳入各级地质公园保护

地质公园是地质遗迹的重点保护区，是地质科学研究与普及的基地。20世纪末以来，安徽省自然资源厅（原安徽省国土资源厅）组织有关专家对省内地质遗迹进行调查，截至2022年底，建立了省级以上地质公园16处，其中黄山、天柱山、九华山等3处为世界地质公园，大别山等11处为国家地质公园，明光女山等2处为省级地质公园。与全国其他省市相比，安徽在地质公园建设尤其世界地质公园建设方面处于前列。目前，全省19处重要地质遗迹纳入世界地质公园内保护，35处纳入国家地质公园保护，2处纳入省级地质公园保护。

表16.1 安徽省地质公园一览表（截至2022年底）

序号	名称	批准日期	面积（平方千米）	行政区划	主要地质遗迹和地质景观
1	安徽黄山世界地质公园	2002.2	160.6	黄山市	花岗岩地貌、水体地貌
2	安徽天柱山世界地质公园	2011.9	413.14	安庆市潜山市	花岗岩地貌、超高压变质带、哺乳动物化石产地
3	安徽青阳九华山世界地质公园	2019.4	148.15	池州市青阳县	花岗岩地貌
4	安徽休宁齐云山国家地质公园	2002.2	44.36	黄山市休宁县	丹霞地貌和恐龙化石产地
5	安徽枞阳浮山国家地质公园	2002.2	17.31	铜陵市枞阳县	古火山地貌
6	安徽淮南八公山国家地质公园	2002.2	82.6	淮南市	地层、古生物化石产地、岩溶地貌
7	安徽祁门牯牛降国家地质公园	2004.2	75.69	黄山市祁门县	花岗岩地貌
8	安徽大别山（六安）国家地质公园	2005.8	270.61	六安市	花岗岩地貌、变质岩地貌、火山岩地貌、构造地貌和丹霞地貌
9	安徽凤阳凤阳山国家地质公园	2009.8	61	滁州市凤阳县	岩溶地貌
10	安徽广德太极洞国家地质公园	2011.11	20.42	宣城市广德市	岩溶地貌

255

第16章　地质遗迹保护现状及建议

序号	名称	批准日期	面积（平方千米）	行政区划	主要地质遗迹和地质景观
11	安徽南陵丫山国家地质公园	2011.11	37.28	芜湖市南陵县	岩溶地貌
12	安徽繁昌马仁山国家地质公园	2013.12	5.39	芜湖市繁昌区	火山岩地貌
13	安徽灵璧磬云山国家地质公园	2013.12	4.25	宿州市灵璧县	岩溶地貌
14	安徽石台溶洞群国家地质公园	2019.12	8.83	池州市石台县	岩溶地貌
15	安徽明光女山省级地质公园	2004.2	11.55	滁州市明光市	古火山地貌
16	安徽含山褒禅山省级地质公园	2017.1	14.21	马鞍山市含山县	岩溶地貌

2. 纳入各级自然保护区、湿地公园、森林公园、风景名胜区保护

安徽部分重要地质遗迹位于自然保护区、湿地公园、森林公园、风景名胜区内，作为相关公园及保护区的重要组成部分，已纳入保护。9处重要地质遗迹纳入国家级自然保护区，2处纳入省级自然保护区；21处纳入国家湿地公园；24处纳入森林公园；19处纳入国家级风景名胜区。

3. 纳入矿山公园、重点化石产地保护

自2005年自然资源部（原国土资源部）启动国家矿山公园申报和建设以来，安徽省已建立安徽淮北国家矿山公园、安徽铜陵国家矿山公园和安徽淮南大通国家矿山公园等3处。此外，截至2020年底，安徽省已成功申报国家级重点保护古生物化石产地3处，即安徽休宁化石产地（面积约14.7平方千米）、安徽巢湖化石产地（面积约1.5平方千米）和安徽潜山化石产地（面积约38.9平方千米）。

4. 纳入重点文物保护单位、旅游景区保护

截至2020年底，安徽古人类（活动）遗址已发现4处，即繁昌人字洞古人类活动遗址、和县龙潭洞直立人遗址、东至华龙洞直立人遗址和巢湖银山智人遗址，这些遗址已列入全国重点文物保护单位，对揭示人类起源与演化具有重要的研究价值，在国内外享有很高的知名度。此外，金牛洞、大工山采矿遗址为全国重点文物保护单位，黄山、天柱山、九华山、齐云山、浮山、琅琊山摩崖石刻均被评为国家级文物保护单位，花山谜窟为安徽省重点文物保护单位。

16.2 地质遗迹保护中存在的问题

多年来，自然资源相关管理部门为保护地质遗迹做了大量工作，取得了显著成效，大多数地质遗迹得到了有效保护，但在地质遗迹保护工作中仍存在一定的问题。

1. 保护区内地质遗迹存在重开发利用、轻保护的现象

由于地质遗迹具有资源的多重属性（遗迹资源、矿产资源、景观资源、教学资源等），对其保护与开发利用的方式也具有多样性。因此资源开发与保护的矛盾比较突出。在安徽省已建设的以地质遗迹景观为开发利用主要对象的各级各类园区内，某些重开发利用、轻保护和欠合理利用地质遗迹的现象仍然存在，甚至存在为开发建设及短期经济效益需要而破坏或影响地质遗迹景观的现象。

2. 部分地质遗迹正遭受破坏，没有得到有效保护

一些具有重要保护价值（主要为科研价值）的地质遗迹区（点），如重要地层剖面、构造形迹、古生物化石产地等尚未纳入任何保护范围内进行保护。这些地质遗迹或代表地壳活动史上某一时代的地层、岩性标志层或是研究生命起源与演化的重要地点，这些未被正式保护及尚未发现的地质遗迹正面临工程建设、采矿和环境覆绿等人类活动的破坏。

3. 地质遗迹资源调查程度不够，家底尚未摸清

虽然安徽省已经开展了全省性地质遗迹调查，但有些地质遗迹类型调查尚未系统开展，如全省重要化石产地、重要岩矿石产地等缺乏系统调查，重点市、县级区域地质遗迹调查未全面开展。此外，已建立地质公园的地质遗迹的赋存、保护、利用状况及其演变规律、危害因素的详查工作迫在眉睫。

4. 地质遗迹科普宣传、对外交流不够

由少量地学专业人员和导游人员构成的地学科普队伍力量还很薄弱，全面传播地质遗迹的地学科普知识信息的活动有限，全社会对地质遗迹的认识和保护意识不高。地质遗迹与地学知识对社会经济可持续发展的正面影响还不突出。

加强地质遗迹保护、推进地质公园与地质遗迹保护区的建设，是贯彻建设小康社会、建设我们和谐家园的要求。安徽省地质遗迹保护与管理的任务艰巨，可谓是任重而道远。有效保护和合理利用安徽省丰富的地质遗迹景观资源，为国民经济和社会可持续发展服务，尚有待在省委、省政府的领导下全省人民的共同努力。同时，也需要在新思路、新举措、新突破、新局面上下功夫，扎扎实实地推进地质遗迹保护利用工作，为我省"五大发展"及美好安徽建设服务。

5. 地质遗迹保护性建设资金短缺

如何解决地质遗迹保护性建设的资金问题，是我省地质遗迹保护工作面临的一个突出问题。地质遗迹保护事业属于社会性公益事业，是各级政府及相关管理部门的职能之一，

257

政府应该将其列入财政计划。同时，政府如何引导社会力量投资地质遗迹的保护利用，则是一个值得研究的问题。

6. 地质遗迹保护法制建设尚不健全，地质公园建设规范化和科学化程度不高

地质遗迹实际上是一种自然资源，而且是一种不可再生的自然资源，但对这样一种资源却没有一项专门的法律来明确其性质、界定其范围、明确其主管部门和规范其管理等，地质遗迹资源管理的法制建设可以说仍是空白。现行的《地质遗迹保护管理规定》是地质遗迹保护的主要依据，但相关配套规章制度还不尽完备。安徽省尚未制定符合本省实际、操作性强的地质遗迹管理制度。

由于管理体制以及管理观念的问题，现有地质公园还存在建设不规范不科学、重开发轻保护、重申报轻建设的现象。一方面，公园缺少科学合理、切实可行的总体规划和建设实施方案；另一方面，经过批准的总体规划又往往成为一纸空文，对投资者和开发商的建设项目缺乏从法律、资源、景观、环境保护的角度进行监督和规范，总体规划和相应的管理缺乏约束力，对这类园区中地质遗迹的保护利用工作有待规范，其中有些应该进行调整、改造。

16.3 地质遗迹保护建议

1. 坚持有效保护与合理利用相结合

要坚持有效保护、合理利用的原则，"在保护中开发，在开发中保护"。以保护地质遗迹为基本前提，遵循有效保护与适度开发利用相结合的原则，坚持环境效益、社会效益和经济效益相统一，维护生态环境的良性循环，坚持可持续发展战略。

2. 开展未纳入保护区地质遗迹的保护工作

积极做好地质遗迹抢救性保护工作，并建立一批类型齐全、建设规范、管理科学的地质遗迹保护区和地质公园、矿山公园、国家重点化石产地；同时对于未纳入保护区的重要地质遗迹，如地质剖面、化石产地等，采取树立解说牌、埋设保护界碑等方式进行有效保护，使其成为安徽省旅游、休闲、科学研究、科普教育园地的重要组成部分。

3. 继续加强地质遗迹调查研究工作

建议继续加强安徽省地质遗迹分类调查，进行全省重点地市县（市、区）地质遗迹调查评价、登记与保护利用规划，开展重要地质遗迹区的保护利用研究，建设一批以地质遗迹景观为开发利用对象的地质文化村、疗养院等，助力美丽乡村建设，促进乡村振兴。

4. 加强地质遗迹保护宣传力度

要加大地质遗迹的科普知识与保护利用的宣传，加强教育工作力度，广泛宣传保护地质遗迹的重要性、必要性，努力提高全民族的地质遗迹保护意识。如在地质公园中加强地球科学知识的传播，利用高科技手段生动通俗地将地学信息表达出来，并与旅游景观美有机结合，依靠科技创新，提高以地学为中心脉络的展示讲解，寓教于游，使人们对地质公园的理解从浅显的自然景观认知阶段提高到深层次的科学认知阶段，从而更加自觉地保护地质遗迹。

5. 拓宽地质遗迹保护的资金来源

保护地质遗迹资源、保护地质环境，是一项功在千秋、利在当代的公益事业，是生态环境优化的重要举措，是政府的职能之一。各级行政主管部门应提高对地质遗迹保护工作重要性的认识，积极争取国家地质遗迹保护经费。同时政府还应在旅游经费中拿出部分经费来加大对地质遗迹保护资金的投入。地质遗迹所在地的地方政府也应多方筹措资金，除了向政府争取经费，也应该争取社会资金的投入，使资金的投入达到多元化。

6. 加强制度建设，推进管理规范化、科学化和法制化

推进地质遗迹资源的有效保护和合理利用，最终要靠法规与制度来保障；对地质遗迹的保护利用管理要实现有序管理，最终也要靠依法行政、依法管理来实现。加强地质遗迹保护利用管理制度建设，修改完善有关的标准、规范、制度和指南，制定和完善安徽省地质遗迹保护管理办法，以及地质公园、矿山公园等地质遗迹保护区管理办法等地方性法规、规章和相关技术规范，逐步建立健全地质遗迹保护管理、监测体系，树立典型示范点，真正实现地质遗迹管理有法可依和依法行政。

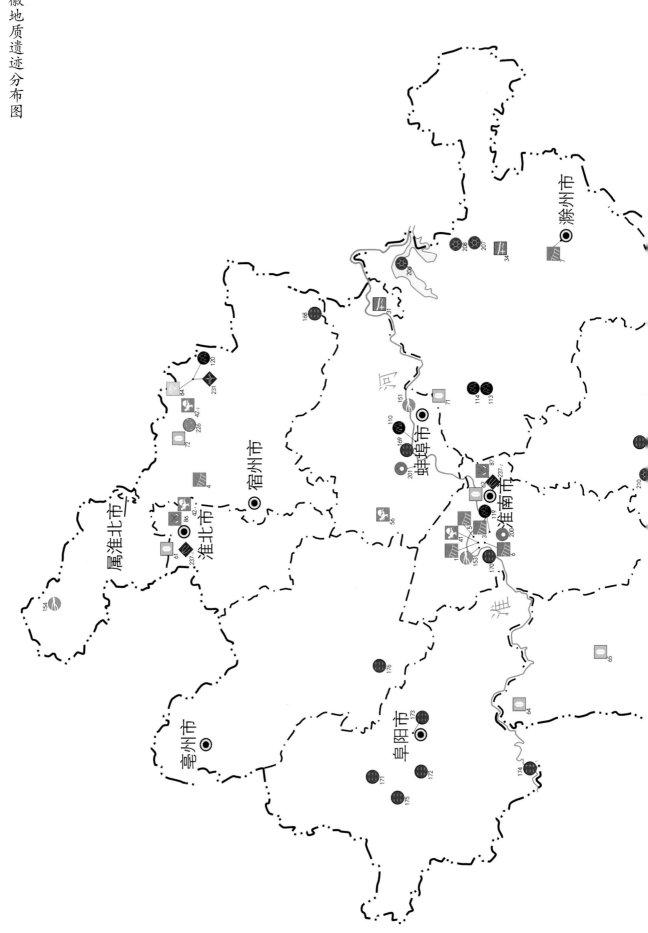

图　例

安徽省地方志编委会，1999. 安徽省志 [M]. 北京：方志出版社 .

安徽省地矿局第二水文地质队，1990. 安徽省地质地貌景观及地质遗迹考察报告 [R].

安徽省地矿局 332 地质队，2001. 安徽省休宁县齐云山丹霞地貌地质景观综合考察报告 [R].

安徽省地质测绘技术院，2013. 安徽马仁山省级地质公园总体规划 [R].

安徽省地质测绘技术院，2017. 安徽省矿产资源与地质环境图集 [M]. 北京：中国地图出版社 .

安徽省地质调查院，1999. 安徽省洞穴资源普查及开发利用研究报告 [R].

安徽省地质调查院，2006. 安徽省地质遗迹调查评价与区划报告 [R].

安徽省地质调查院，2014. 九华山花岗岩地质地貌研究 [R].

安徽省地质矿产局，1987. 安徽省区域地质志 [M]. 北京：地质出版社 .

安徽省地质矿产局，1997. 安徽省岩石地层 [M]. 武汉：中国地质大学出版社 .

安徽省地质矿产局区域地质调查队，1985. 安徽地层志：11 分册 [M]. 合肥：安徽科学技术出版社 .

安徽省地质矿产勘查局 332 地质队，2020. 安徽省黄山市地质旅游资源调查成果报告 [R].

安徽省繁昌县人民政府，2013. 安徽繁昌马仁山地质公园综合考察报告 [R].

安徽省广德县人民政府，2013. 安徽广德太极洞国家地质公园规划基础资料汇编：2012—2025
年 [R].

安徽省古生物化石科学研究所，2008. 宁国市胡乐奥陶纪地层剖面及古生物化石遗迹保护调查报
告 [R].

安徽省国土资源厅，2014. 安徽地质公园 [M]. 合肥：安徽科学技术出版社 .

安徽省灵璧县人民政府，2013. 安徽灵璧磬云山国家地质公园综合考察报告 [R].

安徽省六安市人民政府，2005. 安徽大别山（六安）地质公园综合考察报告 [R].

安徽省祁门县人民政府，2003. 安徽祁门牯牛降地质公园综合报告 [R].

安徽省石台县人民政府，2005. 安徽石台溶洞群综合报告 [R].

安徽省统计局，2021. 安徽统计年鉴 2020[R].

安徽省芜湖市南陵县人民政府，2011. 安徽省丫山国家地质公园综合考察报告 [R].

八公山区人民政府，2013. 八公山国家地质公园综合考察报告 [R].

曹瑞骥，袁训来，2006. 叠层石 [M]. 合肥：中国科学技术大学出版社 .

陈安泽，2007. 中国花岗岩旅游地貌类型划分初论及其意义 [J]. 国土资源导刊（6）：47-51.

陈安泽，2013. 旅游地学大辞典 [M]. 北京：科学出版社 .

陈安泽，浦庆余，等，2013. 黄山花岗岩地貌景观研究 [M]. 北京：科学出版社 .

陈芳，王登国，杜建国，等，2013. 安徽绩溪伏岭花岗岩 LA-ICP-MS 锆石 U-Pb 年龄的精确测定
及其地质意义 [J]. 岩矿测试，32（6）：970-977.

陈冠宝，季承，黄建东，等，2014. 安徽巢湖发现确切的早三叠世原始始鳍龙类 [J]. 中国基础科学，
15：15-17.

陈烈祖，1985. 安徽巢县早三叠世鱼龙化石 [J]. 中国区域地质，15：139-146.

陈宣华，王小凤，张青，等，2000. 郯庐断裂带形成演化的年代学研究 [J]. 长春科技大学学报（3）：

215-220.

陈学锋，丁海亮，李莉，等，2017. 安徽昭关温泉形成条件及地热水化学特征分析 [J]. 地下水，39（5）：51-53.

陈永春，袁亮，徐翀，2016. 淮南矿区利用采煤塌陷区建设平原水库研究 [J]. 煤炭学报，2016，41（11）：2830-2835.

陈哲，胡杰，周传明，等，2004. 皖南早寒武世荷塘组海绵动物群 [J]. 科学通报，49（14）：1399-1402.

池州市人民政府，2013. 九华山国家地质公园综合考察报告 [R].

从柏林，王清晨，1999. 大别山－苏鲁超高压变质岩带研究的最新进展 [J]. 科学通报，44（11）：1127-1141.

崔之久，杨建强，陈艺鑫，2007. 中国花岗岩地貌的类型特征与演化 [J]. 地理学报，62（7）：675-690.

董树文，孙先如，张勇，等，1993. 大别山碰撞造山带基本结构 [J]. 科学通报，38（6）：542-545.

董迎春，汪定圣，杨章贤，2014. 安徽省碳酸盐岩分布及岩溶发育特征 [J]. 低碳世界，16：129-130.

杜建国，许卫，吴礼彬，等，2017. 安徽省重要矿产资源潜力预测研究与应用 [M]. 北京：地质出版社.

杜玉雕，余心起，刘家军，等，2011. 皖南东源钨钼矿成矿流体特征和成矿物质来源 [J]. 中国地质，38（5）：1334-1346.

《矾矿春秋》编撰委员会，1990. 矾矿春秋 [M]. 合肥：安徽人民出版社.

方一亭，冯洪真，俞剑华，1989. 安徽省宁国县胡乐司中奥陶世胡乐组的笔石 [J]. 古生物学报，28（6）：730-740，825-827.

凤阳县人民政府，2011. 安徽凤阳韭山国家地质公园规划：2010-2020[R].

傅广生，何永兰，李雷，1996. 天然板岩歙砚及龙尾砚石 [J]. 石材（3）：36-37.

宫维莉，齐敦伦，毕治国，等，2010. 安徽宁国胡乐奥陶系再研究 [J]. 安徽地质，20（2）：85-89.

宫希成，2002. 安徽南陵县古铜矿采冶遗址调查与试掘 [J]. 考古（2）：45-54，99，2.

管运财，高天山，吴海权，1995. 大别山地区（安徽）中生代花岗岩类岩体特征与形成机制 [J]. 安徽地质（3）：19-28.

郭先宝，2014. 霍邱铁矿资源合理开发与环境保护 [J]. 低碳世界（21）：191-192.

国家林业局，2015. 中国湿地资源：安徽卷 [M]. 北京：中国林业出版社.

韩立刚，1992. 安徽巢湖市附近第四纪洞穴堆积 [J]. 安徽地质（2）：68-74.

合肥市人民政府，2011. 合肥市大蜀山—紫蓬山地质公园综合考察报告 [R].

侯连海，1977. 安徽白垩纪一原始肿头龙化石. 古脊椎动物与古人类 [J]，15（3）：198-202.

胡杰，陈哲，薛耀松，等，2002. 皖南早寒武世荷塘组海绵骨针化石 [J]. 微体古生物学报，19（1）：53-62.

胡雄星，马东升，2002. 大别山白马尖花岗岩体的元素地球化学及其构造演化意义 [J]. 高校地质学报（3）：308-317.

黄建东，尤海鲁，杨精涛，等，2014. 安徽黄山中侏罗世蜥脚类恐龙一新属种 [J]. 古脊椎动物学报 [J]，52（4）：390-400.

黄昕霞，侯香梦，2015. 安徽省花岗岩类地质遗迹资源评价及保护建议 [J]. 滁州学院学报，17（5）：22-26.

黄宗理，张良弼，李鄂荣，等，2006. 地球科学大辞典 [M]. 北京：地质出版社.

江来利，刘贻灿，吴维平，等，1999. 大别山超高压变质岩的变形历史及折返过程 [J]. 地质科学，34（4）：432-441.

金昌柱，郑龙亭，董为，等，2000. 安徽繁昌早更新世人字洞古人类活动遗址及其哺乳动物群 [J]. 人类学学报，19（3）:184-198.

金振民，金淑燕，高山，等，1998. 大别山超高压岩石形成深度局限于 100 ~ 150 km 吗？：针状含钛铬磁铁矿的发现及动力学意义的思考. 科学通报，43（7）：767-771.

李传夔，1977. 安徽潜山古新世的 *Eurymyloids* 化石 [J]. 古脊椎动物与古人类，15（2）：103-118，165.

李传夔，张兆群，2019. 中国古脊椎动物志：第三卷　基干下孔类　哺乳类：第四册（总第十七册）啮齿类 I　双门齿中目 单门齿中目 - 混齿目 [M]. 北京：科学出版社.

李德威，1993. 洪镇变质核杂岩及其成矿意义 [J]. 大地构造与成矿学（3）：211-220.

李凤麟，金权，1988. 安徽蒙城九里桥晚更新世古菱齿象化石 [J]. 现代地质（3）：393-400.

李鹏举，李红英，韩亚超，等，2014. 皖赣两省地质公园造景花岗岩的岩石特征、形成时代及景观成因 [J]. 地质论评，60（6）：1348-1358.

李双应，岳书仓，杨建，2003. 皖北新元古代刘老碑组页岩的地球化学特征及其地质意义 [J]. 地质科学，38（2）：241-253.

李印，韩峰，凌明星，等，2010. 蚌埠荆山和涂山岩体的年代学、地球化学特征及其动力学意义 [J]. 大地构造与成矿学，34（1）：114-124.

李应运，邢凤鸣，1987. 安徽花岗岩类的成因类型及其成矿作用 [J]. 岩石学报（4）：44-54.

刘嘉龙，1977. 安徽怀远第四纪古菱齿象化石 [J]. 古脊椎动物与古人类，15（4）：278-286，330-333.

刘嘉龙，甄朔南，1980. 淮北第四纪哺乳动物化石和一个有关的原则 [J]. 中国科学（8）：770-778，825-826.

刘武，吴秀杰，邢松，等，2014. 中国古人类化石 [M]，科学出版社.

鹿献章，刘乐，吴成尧，2018. 安徽省主要花岗岩地貌分布状况研究 [J]. 能源技术与管理，43（4）：12-14.

卢云亭，2007. 中国花岗岩风景地貌的形成特征与三清山对比研究 [J]. 地质论评（S1）：85-90.

马艳平，陈松，2011. 从岩溶作用看灵璧石的形成和分布 [J]. 宿州学院学报，26（5）：33-35.

孟祥化，葛铭，旷红伟，2006. 微亮晶臼齿碳酸盐成因及其在元古宙地球演化中的意义 [J]. 岩石学报，22（8）：2133-2143.

明光市国土资源和房产管理局，2013. 明光女山地质遗迹保护项目（二期）可行性研究报告 [R].

牛绍武，朱士兴，2002. 论淮南生物群 [J]. 地层学杂志，26（1）：1-8.

欧阳杰，朱诚，彭华，2011. 丹霞地貌的国内外研究对比 [J]. 地理科学，31（8）：996-1000.

祁门县人民政府，2003. 祁门牯牛降花岗岩地貌地质公园综合考察报告 [R].

钱迈平，姜杨，余明刚，2009. 苏皖北部新元古代宏体碳质化石：英文 [J]. 古生物学报，48（1）：73-88.

钱迈平，汪迎平，阎永奎，2008. 华北古陆东南缘新元古代生物群 [M]. 北京：地质出版社 .

钱迈平，袁训来，徐学思，等，2002. 徐淮地区新元古代叠层石组合 [J]. 古生物学报，41（3）：403-418.

钱迈平，袁训来，阎永奎，等，2002. 苏皖北部新元古代微生物化石 [J]. 微体古生物学报，19（4）：363-381.

乔秀夫，高林志，彭阳，2001. 古郯庐带新元古界：灾变、层序、生物 [M]. 北京：地质出版社 .

秦燕，王登红，李延河，等，2010. 安徽青阳百丈岩钨钼矿床成岩成矿年龄测定及地质意义 [J]. 地学前缘，17（2）：170-177.

沈冠军，房迎三，金林红，1994. 巢县人年代位置新证据及其意义 [J]. 人类学学报，13（3）：249-251，2582，253-256.

石台县国土资源局，2005. 石台县溶洞群地质遗迹保护项目申报书 [R].

宋传中，钱德玲，2000. 长江形成的大地构造背景与沿江带的环境效应 [J]. 合肥工业大学学报（自然科学版）（6）：951-956.

宋仁亮，钱家忠，马雷，等，2021. 郯庐断裂带（安徽段）地质环境调查与评价研究 [J]. 安徽地质，31(01):57-62.

苏文，徐树桐，江来利，等，1995. 安徽潜山韩长冲－苗竹园一带石英硬玉岩及其中伴生榴辉岩特征 [J]. 安徽地质，5（2）：7-20.

汤加富，钱存超，高天山，1995. 大别山榴辉岩带中浅变质火山—碎屑岩组合的发现及其地质意义 [J]. 安徽地质，5（2）：29-36.

唐烽，尹崇玉，高林志，1997. 安徽休宁陡山沱期后生植物化石的新认识 [J]. 地质学报，71（4）：289-296.

同号文，吴秀杰，董哲，等，2018. 安徽东至华龙洞古人类遗址哺乳动物化石的初步研究 [J]. 人类学学报，37（2）：284-305.

童金南，赵来时，左景勋，2005. 下三叠统殷坑阶和巢湖阶及其界线研究 [J]. 地层学杂志（S1）：548-564.

万才宇，马玉广，2021. 安徽宿州栏杆地区含金刚石辉绿岩中捕虏体的地质特征及其意义 [J]. 安徽地质，31（1）：31-34，39.

万天丰，朱鸿，赵磊，等，1996. 郯庐断裂带的形成与演化：综述 [J]. 现代地质（2）：159-168.

汪隆武，2006. 黄山市鸡母山中侏罗世恐龙化石地质遗迹产出地层以及沉积相 [J]. 安徽地质，16(3）：161-164.

汪庆玖，吴长贵，宁磊，等，2018. 铜官山国家矿山公园典型矿业遗迹评价 [J]. 资源环境与工程，32（2）：323-328.

王德恩，戴峰，2013. 安徽省祁门牯牛降花岗岩的流水淘蚀洞穴与新构造运动地貌 [J]. 安徽地质，23（4）：241-243.

王德恩，余心起，江功炳，1995. 皖南休宁县发现恐龙蛋化石 [J]. 安徽地质，9（4）：60.

王德恩，张元朔，高冉，等，2014. 下扬子天目山盆地火山岩锆石 LA-ICP-MS 定年及地质意义 [J]. 资源调查与环境，35（3）：178-184.

王浩清，1997. 安徽风景区花岗岩断裂构造及景观资源 [J]. 山地研究，15（1）：13-17.

王国强，1998. 安徽省泮汤温泉研究 [J]. 高校地质学报（1）：104-107，109.

王清晨，从柏林，1998. 大别山超高压变质岩带的大地构造框架 [J]. 岩石学报，14（4）：481-492.

王人镜，王强，何勇，1998. 大别山造山带核部九资河－天堂寨花岗岩的成因和时代 [J]. 矿物岩石地球化学通报（4）：17-21.

吴根耀，梁兴，陈焕疆，2007. 试论郯城－庐江断裂带的形成、演化及其性质 [J]. 地质科学（1）：160-175.

吴明安，汪青松，郑光文，等，2011. 安徽庐江泥河铁矿的发现及意义 [J]. 地质学报，85（5）：802-809.

吴维平，柏林，郑炎贵，等，2010. 安徽天柱山地质公园地质遗迹类型及综合评价 [J]. 上海地质，31（S1）：48-52.

吴维平，徐树桐，江来利，等，1998. 中国东部大别山超高压变质杂岩中的石英硬玉岩带 [J]. 岩石学报，14（1）：60-70.

吴跃东，2010. 巢湖的形成与演变 [J]. 上海地质，31（S1）：152-156.

夏浩明，胡诚，牛望，等，2010. 安庆 4.8 级地震应急的启示 [J]. 中国应急救援（1）：34-38.

谢建成，陈思，荣伟，等，2012. 安徽牯牛降 A 型花岗岩的年代学、地球化学和构造意义 [J]. 岩石学报，28（12）：4007-4020.

邢裕盛，毕治国，王贤芳，1985. 皖南震旦系发现宏观藻类化石 [J]. 中国地质科学院地质研究所所刊，12：32.

休宁县人民政府，2014. 安徽齐云山国家地质公园规划基础资料汇编：2013-2025[R].

徐树桐，江来利，刘贻灿，等，1992. 大别山（安徽部分）的构造格局和演化过程 [J]. 地质学报，66（1）：1-14.

徐树桐，刘贻灿，江来利，等，1994. 大别山的构造格局和演化 [M]. 北京：科学出版社.

徐树桐，刘贻灿，苏文，等，1999. 大别山超高压变质岩带面理化榴辉岩中变形石榴石的几何学和运动学特征及其大地构造意义 [J]. 岩石学报，15（3）：321-337.

徐树桐，苏文，刘贻灿，等，1991. 大别山东段高压变质岩中的金刚石 [J]. 科学通报（17）：1318-1321.

徐树桐，吴维平，苏文，等，1998. 大别山东部榴辉岩带中的变质花岗岩及其大地构造意义 [J]. 岩石学报，14（1）42-59.

许杰，1934. 长江下游之笔石化石 [M]. 国立中央研究院地质研究所专刊甲种：第四号. 南京：国立中央研究院地质研究所.

薛怀民，马芳，赵逊，等，2011. 大别山造山带东南部天柱山花岗岩类侵入体的特征及其 LA-ICP-MS 锆石 U-Pb 年龄 [J]. 岩石矿物学杂志，30（5）：935-950.

薛怀民，汪应庚，马芳，等，2009. 皖南太平－黄山复合岩体的 SHRIMP 年代学：由钙碱性向碱性转变对扬子克拉通东南部中生代岩石圈减薄时间的约束 [J]. 中国科学（D辑 地球科学），39（7）：979-993.

杨立新，叶波，卢本珊，1989. 安徽铜陵金牛洞铜矿古采矿遗址清理简报 [J]. 考古（10）：910-919，967.

姚仲伯，1986. 安徽省区域地质概要 [J]. 中国区域地质（4）：309-320.

叶润青，韩立刚，1998. 五河县古菱齿象化石与旧石器的发现及重要意义 [J]. 考古与文化研究，总第11辑.

殷张明，徐学军，胡殿坤，等，2018. 安徽凤阳山区石英岩矿成矿规律分析 [J]. 安徽地质，28（1）：30-32.

尹国胜，杨明桂，马振兴，等，2007. "三清山式"花岗岩地质特征与地貌景观研究 [J]. 地质论评，53（增刊）：56-74.

尹家衡，黄光昭，查乐乐，1999. 浮山：天然火山地质公园 [J]. 火山地质与矿产（2）：106-110.

余心起，1998. 皖南恐龙类化石特征及其地层划分意义 [J]. 中国区域地质，17（3）：278-284.

余心起，1999. 皖南休宁地区恐龙脚印等化石的产出特征 [J]. 安徽地质，9（2）：94-101.

余心起，小林快次，吕君昌，1999. 安徽省黄山地区恐龙（足迹）脚印化石的初步研究 [J]. 古脊椎动物学报，37（4）：285-290.

袁道先，1994. 中国岩溶学 [M]. 北京：地质出版社：65-67.

袁峰，周涛发，范裕，等，2008. 庐枞盆地中生代火山岩的起源、演化及形成背景 [J]. 岩石学报，24（8）：1691-1702.

袁训来，陈哲，肖书海，等，2012. 蓝田生物群：一个认识多细胞生物起源和早期演化的新窗口 [J]. 科学通报，57（34）：3219-3227.

袁训来，万斌，关成国，等，2015. 蓝田生物群 [M]. 上海：上海科学技术出版社.

袁训来，肖书海，尹磊明，等，2002. 陡山沱期生物群：早期动物辐射前夕的生命 [M]. 合肥：中国科学技术大学出版社.

曾克峰，2013. 地貌学教程 [M]. 武汉：中国地质大学出版社.

张德全，孙桂英，1990. 大别山地区天堂寨花岗岩的侵位时代及地质意义 [J]. 岩石矿物学杂志（1）：31-36，93.

张根寿，2005. 现代地貌学 [M]. 北京：科学出版社.

张广胜，郝李霞，谭绿贵，等，2014. 大别山（六安）国家地质公园皖西大裂谷的地学成因研究 [J]. 皖西学院学报，30（5）：86-90.

张广胜，赵咏梅，郝李霞，等，2016. 大别山北麓嵩寮岩丹霞地貌景观的地学成因研究 [J]. 皖西学院学报，32（5）：13-17.

张红，孙卫东，杨晓勇，等，2011. 大别造山带沙坪沟特大型斑岩钼矿床年代学及成矿机理研究 [J]. 地质学报，85（12）：2039-2059.

张立明，郭庆，黄丞相，等，2012. 凤阳韭山国家地质公园岩溶景观特征及成因 [J]. 采矿技术，12（6）：88-91.

张起理，马作明，孙凤贤，2008. 安徽省地热资源调查与远景区划报告 [R]. 安徽省地矿局第二水文工程地质勘察院.

张树萍，徐海霞，2010. 安徽大别山（六安）国家地质公园地质遗迹成因及评价 [J]. 地质找矿论丛，25（1）：82-87.

张玄，2019. 华龙洞遗址：中国中更新世人类演化新证据 [J]. 科学，71（5）：20-23+4.

张玉萍，宗冠福，1983. 中国的古菱齿象属 [J]. 古脊椎动物与古人类，21（04）：301-312，365-366.

张元动，陈旭，Dan Goldman，等，2010. 扬子早-中奥陶世主要环境下笔石动物的多样性与生物地理分布 [J]. 中国科学（地球科学），40（9）：1164-1180.

张元动，陈旭，2008. 奥陶纪笔石动物的多样性演变与环境背景 [J]. 中国科学（D 辑 地球科学），38（1）：10-21.

张岳桥，董树文，2008. 郯庐断裂带中生代构造演化史：进展与新认识 [J]. 地质通报（9）：1371-1390.

郑涛，黄德志，崔建军，等，2019. 皖南伏川 SSZ 型蛇绿岩的地球化学特征与构造意义 [J]. 矿物学报，39（3）：281-294.

郑文武，1979. "淮南生物群"的主要特征及其在地层研究中的意义 [J]. 合肥工业大学学报（2）：97-109.

郑永飞，2008. 超高压变质与大陆碰撞研究进展：以大别-苏鲁造山带为例 [J]. 科学通报（18）：2129-2152.

中华人民共和国国土资源部，2003. 黄山世界地质公园综合考察报告 [R].

中华人民共和国国土资源部，2014. 天柱山世界地质公园综合考察报告 [R].

周承福，华仁民，马东升，等，2001. 大别山地区三个花岗岩体的地球化学特征及其成因学意义 [J]. 地质找矿论丛（2）：81-88.

周涛发，范裕，袁峰，等，2008. 安徽庐枞（庐江-枞阳）盆地火山岩的年代学及其意义 [J]. 中国科学（D 辑 地球科学）（11）：1342-1353.

周新民，邹海波，杨杰东，等，1989. 安徽歙县伏川蛇绿岩套的 Sm-Nd 等时线年龄及其地质意义 [J]. 科学通（16）：1243-1245.

朱诚，彭华，李世成，等，2005. 安徽齐云山丹霞地貌成因 [J]. 地理学报，60（3）：445-455.

朱光，刘程，顾承串，等，2018. 郯庐断裂带晚中生代演化对西太平洋俯冲历史的指示 [J]. 中国科学：地球科学，48（4）：415-435.

朱光，王道轩，刘国生，等，2001. 郯庐断裂带的伸展活动及其动力学背景 [J]. 地质科学(3):269-278.

朱智仁，倪培，马玉广，等，2018. 安徽栏杆地区辉绿岩型原生金刚石特征及成因初探 [J]. 南京大学学报（自然科学），54（2）：278-295.

枞阳县国土资源局，2011. 安徽浮山古火山遗迹保护可行性研究报告 [R].

Fu W, Montañez I P, Meyers S R, et al., 2016. Eccentricity and obliquity paced carbon cycling in the Early Triassic and implications for postextinction ecosystem recovery[J]. Scientific Reports: 27793.

Huang J D, Motani R, Jiang D Y, et al., 2019. The new ichthyosauriform *Chaohusaurus brevifemoralis* (Reptilia, Ichthyosauromorpha) from Majiashan, Chaohu, Anhui Province, China[J]. PeerJ 7: e7561 DOI 10. 7717/peerj. 7561.

Ji C, Jiang D Y, Motani R, et al., 2016. Phylogeny of the Ichthyopterygia incorporating recent discoveries from South China[J]. Journal of Vertebrate Paleontology, 36 (1): e1025956 DOI 10. 1080/02724634. 2015. 1025956.

Jiang D Y, Motani R, Huang J D, et al., 2016. A large aberrant stem ichthyosauriform indicating early rise and demise of ichthyosauromorphs in the wake of the end-Permian extinction[J]. Scientific Reports, 6 (1): 26232 DOI 10. 1038/srep26232.

Motani R, Jiang D Y, Chen G B, et al., 2015. A basal ichthyosauriform with a short snout from the Lower Triassic of China[J]. Nature, 517(7535): 485 - 488 DOI 10. 1038/nature13866.

Motani R, Jiang D Y, Tintori A, et al., 2014. Terrestrial origin of viviparity in Mesozoic marine reptiles indicated by Early Triassic embryonic fossils[J]. PLOS ONE, 9 (2): e88640 DOI 10. 1371/journal. pone. 0088640.

Narbonne G M, 2011. When life got big: deposits in China dating to about 600 million years ago contain carbon compressions of algae and other organisms. The fossils provide a new window into the early evolution of complex multicellular life[J]. Nature, 470: 339-340 .

Okay A I, Xu S T, Sengor A M C, 1989. Coesite from the Dabie Shan eclogites, central China[J]. European Journal of Mineralogy, 1 (4): 595-598.

Ren X X, Huang J D, You H L, 2018. The second mamenchisaurid dinosaur from the Middle Jurassic of Eastern China[J]. Historical Biology, DOI: 10. 1080/08912963. 2018. 1515935.

Wang Y Q, Li C K, Li Q, et al., 2016. A synopsis of Paleocene stratigraphy and vertebrate paleontology in the Qianshan Basin, Anhui, China[J]. Vertebrata Palasiatica, 54(2): 89-120.

Wang D M, Qin M, Liu L, et al., 2019. The Most Extensive Devonian Fossil Forest with Small Lycopsid Trees Bearing the Earliest Stigmarian Roots[J]. Current Biology, 29: 1-12.

Wu X J, Pei S W, Cai Y J, et al., 2019. Archaic human remains from Hualongdong, China, and Middle Pleistocene human continuity and variation[J]. Proceedings of the National Academy of Sciences, 116 (20): 9820-9824.

Wang X M, Liou J G, Mao H K, 1989. Coesite-bearing eclogite from the Dabie Mountains in central China[J]. Geology, 17 (12): 1085-1088.

Xing L D, Martin G L, Zhang J P, et al., 2014. Upper Cretaceous dinosaur track assemblages and a new theropod ichnotaxon from Anhui Province, eastern China[J]. Cretaceous Research 49: 190-204.

Yuan X L, Chen Z, Xiao S H, et al., 2011. An early Ediacaran assemblage of macroscopic and morphologically differentiated eukaryotes[J]. Nature, 470: 390-393.

Zhang C L, Santosh M, Zou H B, et al., 2013. The Fuchuan ophiolite in Jiangnan Orogen: Geochemistry, zircon U-Pb geochronology, Hf isotope and implications for the Neoproterozoic assembly of South China[J]. Lithos, 179 (10): 263-274.

致谢

合肥市自然资源和规划局

　巢湖市自然资源和规划局

　庐江县自然资源和规划局

淮北市自然资源和规划局

亳州市自然资源和规划局

　蒙城县自然资源和规划局

宿州市自然资源和规划局

　灵璧县自然资源和规划局

　泗县自然资源和规划局

　砀山县自然资源和规划局

蚌埠市自然资源和规划局

阜阳市自然资源和规划局

　临泉县自然资源和规划局

淮南市自然资源和规划局

　淮南市自然资源和规划局八公山分局

　寿县自然资源和规划局

　凤台县自然资源和规划局

滁州市自然资源和规划局

　明光市自然资源和规划局

　凤阳县自然资源和规划局

　全椒县自然资源和规划局

六安市自然资源和规划局

　金寨县自然资源和规划局

　霍山县自然资源和规划局

　舒城县自然资源和规划局

　金安区自然资源和规划局

马鞍山市自然资源和规划局

　含山县自然资源和规划局

　和县自然资源和规划局

芜湖市自然资源和规划局

　繁昌区自然资源和规划局

　南陵县自然资源和规划局

宣城市自然资源和规划局

　宁国市自然资源和规划局

　绩溪县自然资源和规划局

　广德市自然资源和规划局

铜陵市自然资源和规划局

　枞阳县自然资源和规划局

池州市自然资源和规划局

　石台县自然资源和规划局

东至县自然资源和规划局

　青阳县自然资源和规划局

安庆市自然资源和规划局

　潜山市自然资源和规划局

　岳西县自然资源和规划局

　宿松县自然资源和规划局

黄山市自然资源和规划局

　歙县自然资源和规划局

　休宁县自然资源和规划局

　祁门县自然资源和规划局

安徽省地质调查院

安徽省地质实验研究所

安徽省地质测绘技术院

安徽省地矿局 327 地质队（合肥）

安徽省地矿局 313 地质队（六安）

安徽省地矿局 311 地质队（安庆）

安徽省地矿局 326 地质队（安庆）

安徽省地矿局 332 地质队（黄山）

安徽省地矿局 312 地质队（蚌埠）

安徽省地矿局 325 地质队（淮北）

安徽省地矿局 322 地质队（马鞍山）

安徽省地矿局 321 地质队（铜陵）

安徽省地矿局 324 地质队（池州）

黄山世界地质公园管委会

天柱山世界地质公园管委会

九华山世界地质公园管委会

齐云山国家地质公园管委会

浮山国家地质公园管委会

八公山国家地质公园管委会

牯牛降国家地质公园管委会

大别山（六安）国家地质公园管委会

凤阳山国家地质公园管委会

太极洞国家地质公园管委会

丫山国家地质公园管委会

马仁山国家地质公园管委会

磬云山国家地质公园管委会

石台溶洞群国家地质公园管委会

女山省级地质公园管委会

褒禅山省级地质公园管委会

270